THE ORIGIN OF THE UNIVERSE
우주의 기원

SCIENCE MASTERS

THE ORIGIN OF THE UNIVERSE

by John D. Barrow

Copyright ⓒ 1994 by John D. Barrow
All rights reserved.
First published in Great Britain by Orion Publishing Group Ltd..
The 'Science Masters' name and marks are owned and licensed by Brockman, Inc..
Korean Translation Copyright ⓒ 2009 by ScienceBooks Co., Ltd.
Korean translation edition is published by arrangement with Brockman, Inc..

이 책의 한국어판 저작권은 Brockman, Inc.과 독점 계약한
㈜사이언스북스에 있습니다.
저작권법에 의해 한국 내에서 보호를 받는 저작물이므로
무단 전재와 무단 복제를 금합니다.

THE ORIGIN OF THE UNIVERSE

우주의 기원

존 배로가 들려주는
우주 탄생의 비밀

존 배로

최승언 · 이은아 옮김

데니스와 빌,

우주론 연구자, 신사, 교사이며

모두에게 혜택을 베푼 두 분에게 바칩니다.

우리가 보는 것은 아름답고

우리가 이해하는 것은 더 아름답고

우리가 알지 못하는 것은 가장 아름답다.

──니콜라우스 스테노(Nicolaus Steno, 1638~1686년)

옮긴이의 말
우주에 대한
끝없는 호기심

존 배로 교수의 『우주의 기원(*The Origin of the Universe*)』이 사이언스북스에서 재출간된다는 반가운 소식을 접하고, 마치 오래된 옛 친구를 만나는 마음으로 원고를 받아 들었다. 처음 이 책을 번역하기 시작했던 것이 1994년 겨울이었으니, 어느새 15년 가까운 시간이 흘러간 셈이다.●

그동안 우리가 사는 세상은 참 많이도 변했다. 가속 우주론과 같은 우주론을 포함한 과학적 지식과 탐구의 폭이 놀랄 만큼 커진 것을 물론이고, 휴대 전화, 인터넷 등으로 대표되는 통신 기술의

● 이 책은 1995년 두산동아에서 번역·출간된 적이 있다.

발전은 이전에 없던 새로운 정보의 세계를 열어 주었다. 이제는 누구나 마음만 먹으면, 인터넷을 통해서 우주에 대한 새로운 정보를 쉽게 접할 수 있다.

혹자는 그럼, 이렇게 빠르게 변화하는 세상에서 15년 전에 나온 과학책을 재출간하는 것이 큰 의미가 있을까 하는 의문을 품을지도 모른다. 그러나 여기서 간과하지 말아야 할 것은 지식은 단순한 정보의 집합 이상이어야 한다는 것이다. 정보들이 모여 체계적인 구조를 이룰 때 비로소 지식이라 부를 수 있고, 지식이 단순히 아는 단계를 넘어서 체계적인 활용이 가능할 때 우리는 감히 그것을 이해한다고 말할 수 있다. 이 책의 첫머리에는 17세기 덴마크의 과학자이자 철학자였던 니콜라우스 스테노의 말을 인용해서 이러한 의미를 전달하고 있다.

> 우리가 보는 것은 아름답고
>
> 우리가 이해하는 것은 더 아름답고
>
> 우리가 알지 못하는 것은 가장 아름답다.

『우주의 기원』은 바로 이렇게 우주론에 대한 지식 체계를 성립할 수 있도록 도와주고 있다는 점에서 의미가 크다. 우리가 알지 못하는 것이 가장 아름답다고 한 것처럼, 우주의 시작에 대한 끝없는 호기심에서 출발해, 현대 우주론이 발달해 온 과정을 차례차례 서술함으로써 독자로 하여금 우주론에 대한 큰 밑그림을 그릴 수 있도록 도와주고 있다. 매 장의 첫머리에 인용한 셜록 홈스의 글귀들은 특히나 그러한 저자의 의도를 잘 보여 주고 있는 듯하다.

책 속에서 언급되었듯이 우주론의 대부분은 실험을 통해서 직접적으로 증명하는 것이 매우 어렵거나 때로는 불가능하다. 그래서 마치 셜록 홈스가 사건의 작은 단서들로부터 추리해서 전체적인 사건의 개요를 밝혀내듯이 우주론을 연구하는 학자들도 얻을 수 있는 모든 세세한 정보로부터 사고에 사고를 거듭해서 우주의 비밀을 풀어 가고 있는 셈이다.

원고를 다시 검토하면서 이전 번역본의 부족함을 보완하고 저자의 의도를 여과 없이 전달할 수 있도록 노력했으나, 여전히 부족한 점이 많을 것이다.

아쉬움이 남지만 우주에 대한 호기심과 관심을 키우고 있을 많은 사람에게 조금이라도 도움이 되었으면 하는 바람으로 『우주의 기원』을 다시 세상에 내보낸다.

2009년 7월

최승언, 이은아

머리말

우주의 시작과 현재

    우리는 격렬한 사건들 대부분이 이미 오래전에 지나간, 성숙기의 우주에 살고 있다. 별이 빛나는 밤하늘을 바라보면 수천 개의 별이 마치 거대한 띠처럼 어두운 밤하늘을 가로지르는 것을 볼 수 있다. 우리는 이것을 '은하수'라고 부른다. 이것이 바로 고대인들이 알고 있던 우주의 전부였다. 그러나 점점 더 큰 망원경을 발명하고 분해능이 좋아지자 상상조차 불가능했던 광대한 우주가 시야에 들어오기 시작했다. 우리가 은하라고 부르는 빛의 섬은 수많은 별들이 모인 것이고, 그 은하들 주위에는 차가운 전파의 바다──약 150억 년(2009년 현재는 137억 년으로 추정한다.──옮긴이) 전에 있었던 대폭발의 잔향──가 펼쳐져 있다. 오늘날의 우주(서서히 냉각

되고 있고 희박해져 가는 팽창 상태의 우주)는 과거 격렬했던 사건으로부터 비롯된 시간, 공간, 그리고 물질의 기원을 드러내고 있다.

초기 우주는 너무 뜨거워서 어떤 원자도 존재할 수 없는 복사(radiation)의 지옥이었다. 그러다가 처음 몇 분이 지나면서 가벼운 원소의 원자핵이 형성될 만큼 냉각되었다. 수백만 년이 지나서야 온전한 원자가 형성될 수 있을 만큼 우주가 충분히 식었으며, 뒤이어 단순한 분자들이 형성되었다. 그 후 수십억 년이 지나면서 물질이 별이나 은하를 형성하는 일련의 복잡한 사건들이 일어났다. 그리고 안정된 행성계가 형성되고, 아직도 이해할 수 없는 어떤 과정을 통해 복잡한 구조를 가진 생명체들이 탄생했다. 그런데 이러한 일련의 정교한 사건들은 어떻게, 그리고 왜 시작되었을까? 현대의 우주론 연구자들이 우주의 시작에 관해 말하고자 하는 것은 무엇일까?

현대적인 관점으로 보면 고대의 다양한 창조 이야기들은 과학적 이론이라 할 수 없다. 우주의 구조에 대해 새로운 무언가를 알려 주는 것도 없다. 그 이야기들의 목적은 단순히 인간의 상상력으로는 알 수 없는 것들을 없애는 것이었다. 고대인들은 창조의 교리 안에서 우주를 정의함으로써 우주를 그들 자신과 관련시킬 수 있었으며, 알지 못하거나 알 수 없었던 것들을 생각해야만 하는 곤란함에서 벗어날 수 있었다. 그러나 현대의 과학적 설명은 그 이상의 것을 제시해야만 한다. 현대 과학은 우리가 바라는 것 이상을 설명해 줄 수 있을 만큼 우주에 대해서 깊이 알고 있어야 하며, 이미 밝혀진 사실을 확인하고 예측할 수 있을 만큼 폭이 넓어야 한다. 학자들은 개별적인 사실들로부터 일관성과 통합성을 이끌어 낸다.

현대의 우주론 연구자들이 사용하는 방법은 단순하지만 비전문가에게는 어려울 수도 있다. 그들은 우주의 어느 지역, 즉 우리 지구에서 일어나는 일들을 지배하는 법칙이 우주 전체에 적용된다는 가정하에서 출발한다. 이러한 가정은 그렇지 않다는 결론이 내려질 때까지 효력을 발휘한다. 우주에는 우리가 지구에서 경험할 수 없는 극단적인 온도와 밀도 조건을 가진 어떤 영역이 존재한다. 특히 과거로 갈수록 그렇다. 우리는 우리의 이론이 이러한 영역에서 계속 적용되기를 기대하고, 실제로 그 이론을 사용해 설명하려 하고 있다. 그러나 어떤 경우에는 진짜 자연 법칙의 근사적인 이론만을 가지고 작업을 해야 한다. 그러나 그것에는 한계가 있다. 그러한 한계점에 다다르면 우리는 새로운 조건에 맞는 근사적인 이론을 찾아야 한다. 많은 이론들을 가지고 수많은 예측을 하고 있지만 아직은 관측으로 확인하기 어려운 것이 많다. 아마도 천문대나 위성이 지금보다 더 발전하면 확인할 수 있을 것이다.

　우주론 연구자들은 종종 '우주론 모형'을 이야기하고는 한다. 이것은 우주의 구조 및 과거사를 수학적으로 간결하게 설명하는 것을 뜻한다. 모형 비행기의 일부는 실물과 같지만 전체적으로는 똑같지 않은 것처럼, 우주론 모형도 우주 구조의 세세한 면까지 설명할 수는 없다. 우리의 우주론 모형은 매우 대략적이고 편의적이다. 우주를 완벽하게 균질한 물질의 바다로 가정하고 시작한다. 물질이 별과 은하로 응집되어 있는 것은 무시한다. 별이나 은하의 기원과 같은 특별한 상황을 탐구할 때만 완벽한 균질성의 가정에서 벗어난다. 이러한 연구 방식은 놀랍게도 효과적이었다. 우리 우주에서 가장 놀라운 사실 중 하나는 그러한 우리 머릿속에서 만든 이상화에 불과한 단순한 물질 분포 모형을 가지고 우주의 가시적 부분을 잘 설명할 수 있다는 것이다.

　우리의 우주론 모형에서 또 다른 중요한 점은 밀도나 온도 같은 수치화된 성질을 갖는다는 점이다. 그 수치는 관측으로 얻은 것일 수도 있고, 관측값들을 모형에 의거해 조합한 것일 수도 있다.

이러한 수치화된 성질을 이용해 모형과 실제 우주가 일치하는지 확인할 수 있다.

우주 탐사에는 여러 다양한 방법을 동원한다. 인공위성, 우주 탐사선, 망원경은 물론, 현미경, 원자 분쇄기, 가속기, 컴퓨터, 인간의 사고력까지 동원해 거시 세계──별, 은하, 거대한 우주적 구조 등──탐사에 그치지 않고 미시 세계까지 탐사한다. 미시 세계란 원자 내부의 세계와 원자를 구성하는 요소들을 말한다. 원자 구성 요소들은 물질 형성의 기초가 된다. 수가 매우 적고 구조도 단순하지만, 이들의 조합이 우리를 형성하고 우리 주위의 거대한 복합체들을 조직한다.

이 같은 두 가지 첨단 분야──물질의 기본 입자 같은 미시 세계를 다루는 분야와 별이나 은하 같은 거시 세계를 다루는 분야──는 최근 각광을 받고 있다. 과거에 이 두 분야는 서로 관심 분야도 다르고 답하고자 하는 질문도 다르고 속해 있는 분과도 다른 과학자들의 일이었다. 그렇지만 오늘날에는 거시 세계와 미시 세계 분야의 관심과 방법이 서로 긴밀하게 연결되어 있다. 은하가 어떻게 존재하게 되었는가에 관한 비밀은 지하 깊숙이 묻어 놓은 입자 검출기에 검출된 가장 기본적인 물질 입자를 연구함으로써 밝혀질 것이다. 기본 입자들의 종류는 먼 천체들을 관측함으로써 알게 될 것이다. 그리고 우주의 유년기와 성숙기의 잔해를 찾아 우주의 역사를 재구성함으로써 물리학 세계의 가장 거시적인 면과 가장 미시적인 면을 함께 연구할 수 있을 것이고, 아울러 우주의 통일성에 대한 우리의 인식은 좀 더 완성되어 갈 것이다.

이 작은 책은 초보자들에게 '우주의 초창기'를 짧게 설명하는 것을 목표로 하고 있다. 우주의 초기 역사에 관한 증거는 무엇이 있는가? 우주가 어떻게 시작되었는지에 관한 최신 이론에는 어떤 것이 있는가? 그것은 관측으로 확인할 수 있는가? 우리의 존재는 그들과 어떻게 관련되어 있는가? 이것들은 시간의 기원을 향한 우리의 여행으로부터 비롯되는 질문의 일부이다. 나는 여기서 '시간의 본질', '우주팽창', '웜홀'에 대한 최신 이론들 중 일부를 소개하고자 한다. 그리고 1992년 봄, 우주론 연구에 크게 활력을 불어넣어 준 코비(COBE) 위성의 중요성에 대해서도 설명할 것이다.

우주 기원에 관한 최신 이야기를 쓸 수 있도록 토론과 조언을 아끼지 않은 우주론 연구 분야의 동료들과 실험실 동료들에게 감사드린다. 앤서니 치섬(Anthony Cheetham)과 존 브록만(John Brockman)이 이 책의 집필을 제안했다. 그들이 내게 집필을 권한 것이 현명한 일이었는지는 이 책을 통해 확인될 것이다. 또한 편집을 맡아 준 게리 라이언스(Gerry Lyons)와 사라 리핀콧(Sara Lippincott)에게도 감사드린다. 나의 아내 엘리자베스(Elizabeth)는 방대한 작업을 도운 것은 물론 모든 일을 제때에 마칠 수 있도록 도와주었다. 모든 면에서 항상 아내의 도움이 컸다. 나의 아이들——데이비드(David), 로저(Roger), 루이즈(Louise)——은 이 작업에 그다지 큰 관심을 보이지는 않았지만 책에 언급한 셜록 홈스를 매우 좋아했다.

1994년 3월

브라이턴에서

THE ORIGIN OF THE UNIVERSE
우주의 기원

차례

| 옮긴이의 말 | 우주에 대한 끝없는 호기심 | 8 |
| 머리말 | 우주의 시작과 현재 | 12 |

1 | **우주의 비밀** — 23
2 | **우주 카탈로그** — 53
3 | **특이점과 그 밖의 문제들** — 79
4 | **급팽창과 입자 물리학** — 105
5 | **급팽창과 코비 탐사** — 133
6 | **시간, 그 짧은 역사** — 157
7 | **미궁 속으로** — 185
8 | **새로운 차원** — 203

참고 문헌 — 215
찾아보기 — 220

THE ORIGIN OF THE UNIVERSE
우주의 기원

1
우주의 비밀

"당신에게 감사 인사를 드려야겠습니다."

셜록 홈스가 말했다.

"이렇게 흥미로운 사건에 주의를 돌리도록 해 주신 데 대해서

말입니다."

──『바스커빌 가의 개(*The Hound of the Baskervilles*)』

<u>우주는 언제, 어떻게, 왜 시작되었을까?</u> 우주의 크기는 얼마나 될까? 또 우주의 모양은 어떻게 생겼을까? 우주는 무엇으로 만들어졌을까? 호기심 많은 어린이라면 누구나 한 번쯤 이런 질문을 해 보았을 것이다. 이 질문들은 현대 우주론을 연구하는 학자들 또한 수세

기에 걸쳐 고민해 온 문제들이기도 하다. 우주론은 대중 작가들이나 기자들에게도 매우 매력적인 대상이 되어 왔다. 우주론에는 미개척 분야가 너무 많아 오히려 언급하기가 쉽기 때문이다. 양자론, 신경 생리학, DNA 염기 서열 분석, 또는 순수 수학의 첨단 분야를 보자. 그런 분야에서는 전문적인 내용을 쉽게 일상적인 용어로 풀이한 예들을 찾아보기 어렵다.

20세기 초반까지는 철학자들뿐만 아니라 천문학자들까지도 우주는 절대적으로 고정된, 정적인 우주라고 믿어 의심치 않았다. 별, 행성, 그 밖의 모든 천체가 각자의 궤도를 돌고 있는 우주, 다시 말해서 마치 거대한 '원형 경기장' 같은 우주를 생각하고 있었다. 그러나 1920년대에 이르러 이러한 단순한 우주관에 변화가 일어났다. 알베르트 아인슈타인(Albert Einstein)의 중력 이론을 연구하던 물리학자들이 기존 우주관의 문제점을 먼저 지적했다. 이어서 미국의 천문학자 에드윈 허블(Edwin Hubble)이 먼 은하 속의 별에서 오는 빛을 관측해 그 결과를 발표함으로써 우주관을 크게 변화시켰다.

허블은 간단한 파동의 성질을 이용했다. 파동을 발생시키는 파원(派源)이 관측자로부터 멀어지고 있으면, 관측자에게는 그 파동의 진동수가 실제보다 작게 관측된다. 이러한 현상을 보기 위해 다음과 같은 간단한 실험을 해 보자. 고요한 수면에서 손가락을 올렸다 내렸다 해 파동을 일으킨 다음 수면의 다른 곳에서 그 파동의 마루(파동이 전파될 때 그 파형의 최고점을 마루라고 하고 최저점을 파동의 골이라고 한다. 마루에서 마루, 또는 골에서 골까지 잰 길이가 파장이다.—옮긴이)를 관찰해 보자. 그런 다음, 처음 관찰했던 지점에서 멀어지도록 손가락을 움직이면서 파동을 일으킨다. 그리고 처음과 같은 관찰 지점에서 그 파동의 마루를 관찰해 보자. 처음보다 작은 진동수로 관찰될 것이다(파장이 길어진다.). 이번에는 손가락을 관찰 지점 쪽으로 움직여 보자. 진동수는 증가하는 것으로 관찰될 것이다(파장이 짧아진다.). 이러한 성질은 모든 파동에 적용된다. 이와 같은 파동의 성질은 음파의 경우에도 나타나는데, 기차가 기적을 울리며 지나갈 때나 경찰차가 사이렌을 울리며 지나갈 때 쉽게 경험할 수 있다. 여러분은 기차나 경찰차가 지나갈 때 기차의 기적 소리나 경찰차 사이렌 소리의 높낮이가 달라지는 것을 알고 있을 것이다. 빛 또한 파동이므로 이와 같은 성질이 나타난다. 빛을 내는 광원이 관측자로부터 멀어지면 그 진동수가 감소하고 관측되는 빛은 원래의 빛의 파장보다 붉은색 쪽으로 치우쳐 나타난다(광학적 영역에서 빛의 스펙트럼은 붉은색에서 보라색까지 파장에 따라 배열되어 있다. 붉은색이 파장이 더 길고 보라색 쪽으로 갈수록 파장이 짧아진다.—옮긴이). 이러한 현상을 '적색 편이(redshift, 또는 적색 이동)'라고 부른다. 한편 광원이 관측자에게 접근할 때는 관측되는 진동수는 증가하고 빛은 원래의 파장보다 푸른색 쪽으로 치우쳐 나타나는데, 이것을 '청색 편이(blueshift, 또는 청색 이동)'라고 한다.

허블은 그가 관측한 외부 은하들로부터 오는 빛이 체계적으로 적색 편이를 나타내고 있음을 발견했다. 그는 편이가 일어난 정도를 측정해 은하가 얼마나 빨리 후퇴하고 있는지 알 수 있었다. 그리고 외부 은하 속에 있는 별들 중 실제 밝기가 같을 것으로 여겨지는 동일한 종류의 별들을 찾아서 그 밝기를 비교함으로써 우리와 그 은하들 사이의 상대적인 거리를 추정할 수 있었다. 허블은 이렇게 해서 여러 외부 은하의 적색 편이를 측정하고 그 거리를 계산했는데, 그 결과 멀리 있는 광원일수록 더 빨리 우리에게서 멀어진다는 사실을 발견했다. 오늘날 이러한 경향은 '허블의 법칙'으로 알려져 있다. 그림 1.1은 허블의 법칙을 현대의 관측 자료를 이용해 나타낸 도표다. 그림 1.2는 먼 은하로부터 오는 빛의 파장과 세기의 관계를 나타내는데, 실험실에서 원소들이 방출하는 빛의

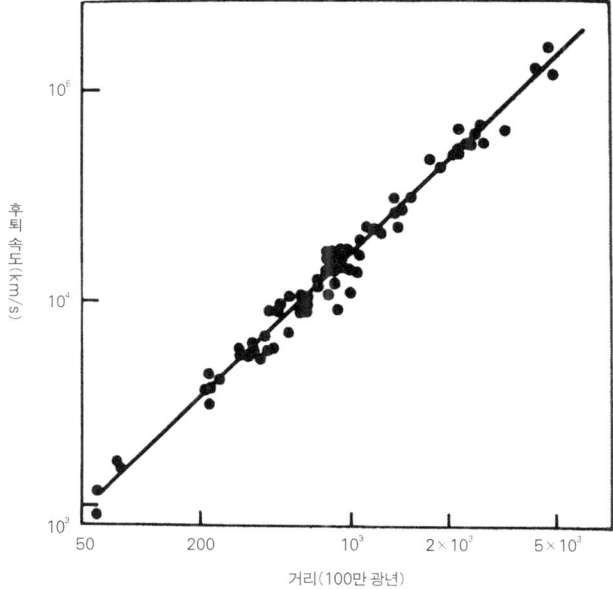

그림 1.1
최근 자료를 이용한 '허블의 법칙' 그래프. 은하들의 후퇴 속도가 거리에 비례해 증가한다.

파장에 비해 각 원소의 스펙트럼들이 어떻게 붉은색 쪽으로 편이되고 있는지를 잘 보여 준다.

허블이 발견한 사실(허블의 법칙)은 곧 우주 팽창을 의미한다.

28 우주의 기원

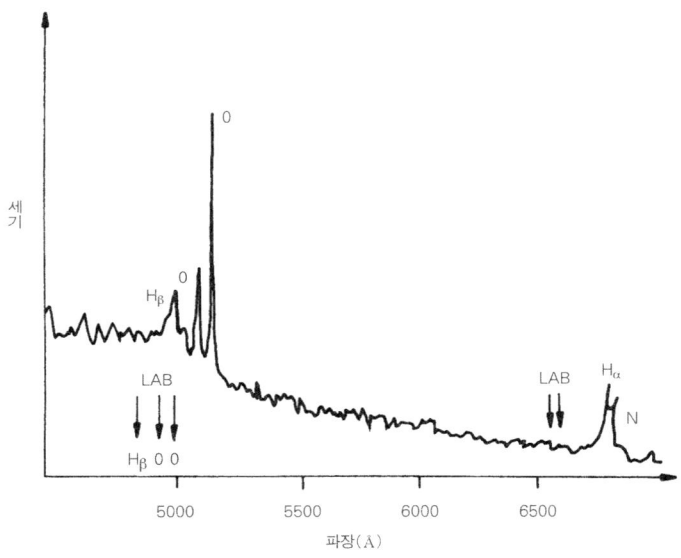

그림 1.2
먼 은하(Markarian 609)의 스펙트럼. 5,000옹스트롬(Å, angstrom: 1억분의 1센티미터 — 옮긴이) 근처에 세 개의 스펙트럼 선(H_β, O, O로 표시)과 6,500옹스트롬 근처에 두 개의 스펙트럼 선(H_α, N으로 표시)이 실험실에서 측정한 것보다 고파장 쪽으로 대칭적으로 이동되어 있다. 실험실에서 측정한 선의 위치는 LAB라고 표시한 화살표로 나타냈다. 붉은색(광학적 붉은색은 약 8,000옹스트롬에 위치) 쪽으로 편이된 정도를 측정해 후퇴 속도를 계산할 수 있다.

멀리 있는 은하일수록 더 빨리 멀어져 간다는 사실은 우주 전체가 팽창하고 있음을 뜻하기 때문이다. 즉 허블이 발견한 것은 다름 아

닌 우주 팽창이었다. 그때까지 생각해 온 정적인 우주, 다시 말해서 '지역적으로는 행성이나 별이 돌고 있지만 전체적으로는 안정되어 있는 거대한 구형(球形)의 우주'가 아닌 역동적인 상태의 우주를 발견한 것이었다. 이것은 20세기 과학의 가장 위대한 발견이며 또한 아인슈타인의 일반 상대성 이론이 우주에 대해서 예측한 것을 확인해 주는 발견이기도 하다. 우주는 정적일 수가 없다. 왜냐하면 만일 은하들이 서로 멀리 떨어져 있지 않다면, 은하들 사이에 작용하는 인력 때문에 서로 달라붙어 버릴지도 모르기 때문이다. 그렇게 되면 우주는 유지될 수가 없다.

한편 우주가 팽창하고 있다면, 다시 말해 이것을 역으로 생각해 과거로 거슬러 올라가 보면, 우주는 매우 작고 밀집된 어떤 상태(우주의 크기가 0인 상태)로부터 시작되었다고 생각할 수 있다. 이것이 바로 '대폭발(big bang, 빅뱅)'로 알려진 우주의 시작이다.

이렇게 말하고 보니 너무 앞질러 이야기하고 있다는 느낌이 든다. 우주의 과거를 생각하기 이전에 현재의 우주 팽창에 대해 생각해 보아야 할 것들이 있기 때문이다. 먼저 정확하게 무엇이, 어떻게 팽창하고 있는가를 생각해 보자. 「애니 홀(Annie Hall)」(1977년)이라는 영화에서 우디 앨런(Woody Allen)은 우주 팽창에 대해서 격정하는 지극히 분석적인 인물로 나온다. "우주가 정말 팽창하고 있다면 브루클린(Brooklyn, 미국의 지명 — 옮긴이)도 팽창한다는 뜻이 아닌가? 뿐만 아니라 나 자신도 팽창하고, 당신도 팽창하고, 우리 모두가 팽창하고 있잖아!" 다행스럽게도 우디 앨런은 틀렸다. **우리**는 팽창하지 않는다. 물론 브루클린도 팽창하지 않는다. 지구도 팽창하지 않고 태양계도 팽창하지 않는다. 사실은 우리 은하도 팽창하지 않는다. 심지어 '은하단(galaxy cluster)'이라는 수천 개의 은하가 모인 거대한 집단도 팽창하지 않는다. 이들은 각각의 구성 요소들 사이에 작용하는 화학적 인력과 중력 등으로 묶여 있기 때문이다. 그 힘들은 우주가 팽창하는 힘보다 강하다.

은하단의 규모를 넘어서는 경우에 이르러서야 비로소 우주 팽창의 효과가 국지적인 중력의 효과보다 크게 나타난다. 우리와 가장 가까운 은하인 안드로메다 은하를 생각해 보자. 안드로메다 은하는 외부 은하임에도 불구하고 우리와 멀어져 가는 것이 아니라 오히려 접근하고 있는데, 이것은 안드로메다 은하와 우리 은하 사이의 중력이 우주 팽창의 효과보다 크기 때문이다. 그러므로 우주 팽창의 지표가 되는 것은 은하가 아니라 은하단이다. 즉 우주 팽창의 효과는 은하들 사이에서가 아니고 은하단들 사이에서 일

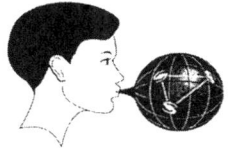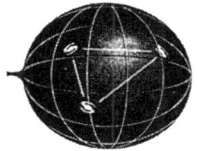

그림 1.3
우주의 팽창을 풍선의 팽창에 비유했다. 은하단의 위치를 나타내기 위해 풍선 표면에 점을 표시하고 팽창시킨다. 은하단들 사이의 공간은 증가하지만 은하단의 크기는 변하지 않음을 알 수 있다. 풍선의 표면은 2차원 우주의 비유이다. 팽창하는 표면 위에서는 모든 은하단이 다른 은하단들로부터 멀어지는 것으로 보인다. 팽창의 중심이 풍선 표면에 있지 않음에 유의하자.

어난다. 이와 같은 사실을 좀 더 쉽게 이해하기 위해 색종이 조각들을 붙인 풍선 표면을 생각해 보자. 풍선이 팽창하면 색종이 조각들은 서로 점점 멀리 떨어진다. 물론 색종이 자체는 팽창하지 않는다. 색종이 조각들 사이의 간격이 얼마나 떨어졌는가가 풍선이 얼마나 팽창했는지를 나타낸다. 마찬가지로 그림 1.3에서처럼 은하단들 사이의 공간 팽창이 우주 팽창을 나타낼 수 있다.

이제 모든 은하단이 **우리**로부터 멀어져 간다는 사실에 대해서 고찰해 보자. 왜 하필 '우리로부터'인가? 과학의 역사를 돌이켜 보면 코페르니쿠스가 이미 지구가 우주의 중심이 아님을 역설했다.

그런데 정말로 모든 것이 우리로부터 멀어져 가고 있다면 우리가 우주의 중심이라는 뜻이 되지 않을까? 과학의 역사는 원점으로 돌아가는 것일까? 그러나 실제 상황은 그렇지 않다. 우주가 팽창하고 있다는 것은 공간 안의 한 점으로부터 폭발하고 있는 경우와는 다르다. 만일 이러한 방식으로 우주가 팽창한다면 마치 어떤 고정된 공간이 있어서 그 **안**에서 우주가 폭발하고 팽창하는 것으로 여겨진다. 그러나 사실 그렇게 고정된 우주의 바깥 공간은 존재하지 않는다. 우주는 존재하는 모든 공간을 포함한다.

이제 공간을 탄력성을 지닌 한 장의 판으로 생각해 보자. 이처럼 공간이 늘어나거나 줄어드는 등 변형이 가능하다면, 그 공간 내에 존재하는 물질과 또 그 물질의 움직임에 따라서 공간의 형상과 곡률이 만들어질 것이다. 이렇게 생각하면 우리 우주라는 휘어진 공간은 마치 4차원 공의 3차원 표면과도 같다. 물론 이것은 쉽게 상상하기 어렵다. 그러나 우주를 평평한 면으로, 즉 2차원 공간으로 생각해 보자. 이것은 3차원 공의 2차원 표면과 같다. 이제 이 3차원 공이 마치 그림 1.3의 팽창하는 풍선처럼 점점 커진다고 생각해 보자. 풍선의 표면은 팽창하는 2차원 우주이다. 만일 그 위에 두 개의 점을 찍으면 이 점들은 풍선이 팽창함에 따라 서로 멀어질 것이다. 이번에는 풍선의 표면 전체에 더 많은 점을 찍고 다시 팽창시켜 보자. 풍선 위의 어느 점에서 보든지 풍선이 팽창함에 따라 다른 점들이 모두 **자신**으로부터 멀어져 가는 것으로 보일 것이다. 멀리 떨어져 있는 점들은 가까이 있는 점들보다 더 빨리 서로에게서 멀어진다. 이것이 '허블의 법칙'이다. 이 예에서 풍선의 표면을 우주로 생각할 수 있다. 풍선이 팽창할 때 그 팽창의 중심은 풍선 표면에 존재하지는 않는다. 풍선의 표면에는 팽창의 중심이 **없다**. 가장자리도 존재하지 않는다. 그러므로 우주의 가장자리에서 우주 밖으로 떨어질 수도 없으며, 우주의 바깥도 존재하지 않고, 우주가 어떤 바깥 공간 안에서 팽창하고 있는 것도 아니다. 우주는 존재하는 그 자체이다.

한 가지 의문이 생긴다. 지금 일어나고 있는 우주 팽창이 영원히 계속될 것인가? 돌을 공중으로 던지면 처음에는 하늘로 올라가다가 지구의 중력에 이끌려 땅으로 떨어진다. 더 세게 던지면 돌은 더 큰 에너지로 움직이므로 더 높이 올라갔다가 땅으로 떨어진다. 우리는 약 초속 11킬로미터보다 빠른 속도로 물체를 발사하면 지구의 중력권을 벗어날 수 있다는 것을 알고 있다. 이것이 로켓의 임계 속도이다. 과학자들은 이것을 지구의 '탈출 속도'라고 부른

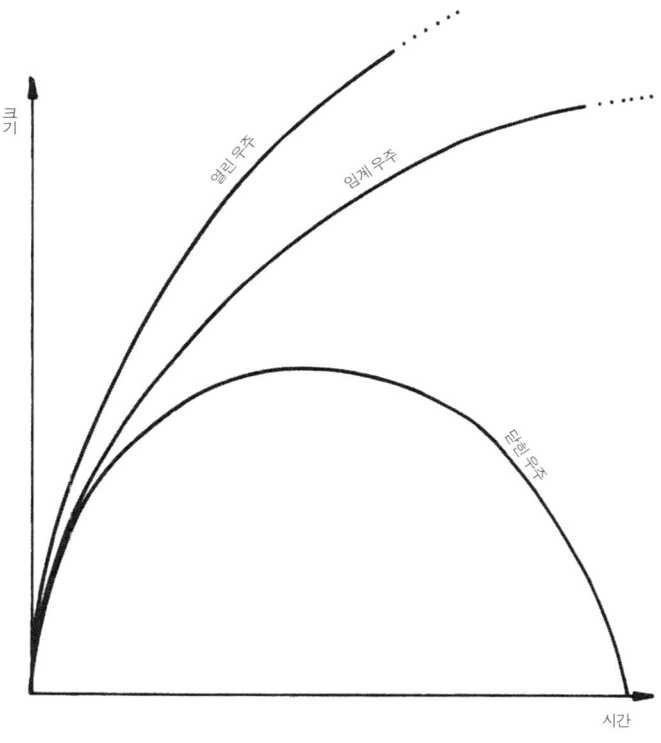

그림 1.4
팽창하는 우주의 미래에 대한 세 가지 가능성. 열린 우주는 무한히 확장되고 영원히 팽창한다. 닫힌 우주는 유한하고 대함몰(big crunch)을 향해 수축한다. 두 우주 사이의 경계가 임계 우주이며, 역시 무한히 커지고 영원히 팽창한다.

다. 비슷한 상황을 중력의 영향을 받으면서 폭발하거나 팽창하는 물질계에 적용시켜 보자. 바깥쪽으로 향하는 운동의 힘이 중력 때문에 안쪽으로 끌어당기는 힘보다 크다면 물질들은 탈출 속도를 초과해 계속 팽창할 것이다. 그러나 그들 각 부분 사이에 작용하는 중력 때문에 끌어당겨지는 힘이 더 크면 팽창하던 물질들은 결국 다시 수축하게 될 것이다. 마치 지구에서 돌을 던졌을 경우와 비슷하다. 이것은 우주 팽창에서도 마찬가지다. 우주 팽창이 시작되었을 때도 임계 속도가 있었을 것이다. 만일 팽창 속도가 그 임계 속도보다 컸다면 이러한 우주에서는 모든 물질이 만드는 중력이 팽창을 저지할 수 없다. 따라서 우주는 영원히 팽창할 것이다. 한편 팽창 속도가 임곗값보다 작았다면 결국 팽창은 멈추고 수축이 시작될 것이다. 우주는 팽창이 시작되었던 상태, 즉 0 크기의 상태로 다시 수축할 것이다. 이 두 가지 상태 사이에는 필자가 '영국식 절충 우주(British compromise universe)'라고 부르는, 정확하게 임계 속도와 같은 팽창 속도를 가진 상태가 존재한다. 이 경우 우주는 영원히 팽창하며, 팽창을 계속할 수 있는 최소의 속도를 가진다 그림 1.4 우주에 대한 최대의 미스터리 중 하나는 우리 우주가 바로 이 임곗값을 가지는 상태에 아슬아슬하게 근접해서 팽창하고 있다는 것이다. 이렇게 임곗값에 근접해 있기 때문에 실제로는 우주가 임곗값을 경계로 어느 쪽에 해당하는지 확실하게 말할 수가 없다. 그래서 우주의 미래에 대해 장기적으로 예측하기 힘들다.(현재 우리 우주는 가속 팽창하고 있다고 알려져 있다. 2001년 발사된 WMAP 위성의 관측 결과에 따르면, 우리 우주는 평탄한 우주에 가깝고 영원히 팽창할 것으로 예측된다. 현재 우주의 진화에 중요한 영향을 끼치는 '암흑 에너지'의 존재에 대한 연구가 진행 중이다.—옮긴이)

우주론을 연구하는 학자들은 우리 우주가 임계 상태에 이렇게 근접해 있다는 사실을 우주의 특성으로 생각하고 있으며, 그것을 설명하려고 애쓰고 있다. 그러나 이러한 특성을 이해하기란 매우 어렵다. 왜냐하면 정확하게 임계 속도로 팽창을 시작하지 않았다면 시간이 지날수록 우주의 팽창은 계속되고, 점점 더 임계 상태와의 차이는 커질 것이기 때문이다. 바로 이것이 가장 큰 난제이다. 우주는 약 150억 년(2009년 현재는 137억 년으로 추정한다.—옮긴이) 동안 팽창해 왔다. 그런데 아직도 임계 상태에 근접해 있어서 앞으로 우주가 어떻게 될 것인지는 정확하게 예측하기 어렵다. 그렇게 오랫동안 팽창해 왔는데도 임계 상태와의 차이가 별로 크지 않다. 약 150억 년 동안의 팽창에도 불구하고 이렇게 임계 상태에 근접한 상태로 남아 있다는 것은, 우주 팽창이 임곗값과 불과 10에 0을 35개 붙인 숫자분의 1(10^{-35}——옮긴이)만큼의 차이로 시작되었다는 것을 뜻한다. 왜 그랬을까? 우리는 뒷장에서 우주 팽창의 첫 순간에 일어났던 일들을 연구함으로써 이처럼 전혀 있음직하지 않은 상태가 어떻게 설명 가능한지에 대해 살펴볼 것이다. 그러나 지금은 어째서 인간이 살고 있는 이 우주가 150억 년 동안의 팽창 후에도 임계 상태에 근접해 있는지를 이해하는 데 중점을 두겠다.

만일 우주가 임계 속도보다 훨씬 빠르게 팽창을 시작했다면 팽창 효과가 중력 효과를 앞지를 것이다. 그러면 중력이 군데군데 물질들을 모으지도 못하고 은하나 별을 형성하지도 못했을 것이다. 우주의 진화 과정에서 별의 형성은 중요한 사건이다. 별이란 매우 많은 양의 물질들이 모여서 그 중심 압력이 핵반응을 일으킬 만큼 커진 물질들의 응집체이다. 핵반응을 거쳐 수소는 연소되어 헬륨으로 바뀌는데, 이와 같은 과정이 그 별의 일생을 통해 오랜 기간 조용하게 일어난다.——우리 태양은 이러한 과정의 중간쯤에 와 있다.——별은 일생의 마지막 단계에 이르면 핵에너지 생성 과정에 큰 변혁이 생긴다. 짧은 기간 동안 급격한 변화가 일어나서 헬륨은 탄소·질소·산소·규소·인, 그 외의 생화학적으로 생명

활동에 관여하는 많은 다른 원소로 바뀐다. 별이 초신성 폭발을 하게 되면 이러한 원소들은 우주 공간으로 흩어져, 궁극적으로는 행성과 사람 같은 생명체를 형성하게 된다. 그러므로 별은 모든 화합물, 나아가 생명체들의 기원이 되는 원소들의 생성지인 것이다. 우리의 몸을 구성하는 모든 물질의 원천은 별이다.

임곗값보다 빠르게 팽창하는 우주에서는 별의 형성이 이루어질 수 없다. 따라서 인간이나 컴퓨터와 같은 복잡한 생명체나 구조물을 구성하는 근원 물질도 생성될 수 없을 것이다. 마찬가지로 우주가 임계 속도보다 아주 작은 속도로 팽창한다면 얼마 못 가서 중력 효과가 팽창 효과보다 커질 것이고, 우주는 수축할 것이다. 별이 형성되고 폭발하고 생명체가 구성되는 과정이 채 일어나기도 전에 우주가 다시 수축해 버릴 것이다. 이 경우 역시 생명체가 만들어질 수 없는 우주가 된다.

따라서 놀라운 결론에 도달했다. 수십억 년에 걸친 팽창 과정에서도 임곗값에 매우 근접한 속도로 팽창하고 있는 우주만이 생명체(우주의 관찰자가 될 만큼 충분히 복잡한 구조물)를 구성하는 물질을 만들어 낼 수 있다는 것이다 그림 1.5. 그렇게 생각하면 우주가 임곗값에 근접한 속도로 팽창하고 있다는 사실은 그리 놀라운 일이 아

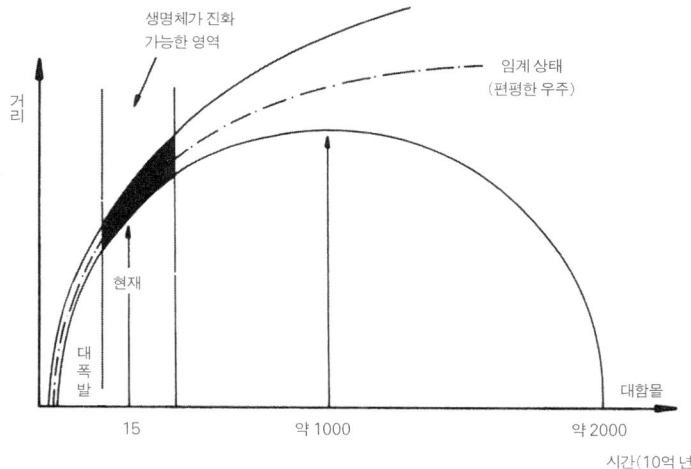

그림 1.5
임곗값보다 너무 큰 값을 갖는 우주는 물질이 별과 은하로 수축하기에는 너무 빨리 팽창한다. 이러한 우주에서는 생명이 생겨날 수 없다. 임곗값보다 너무 낮은 값을 갖는 우주는 별이 형성되기 전에 수축한다. 검은 부분은 우주 팽창 영역과 관측자가 진화한 기간을 나타낸다.

니다. 우리는 다른 종류의 우주에서는 존재할 수 없기 때문이다.

팽창하는 우주의 형상과 그 역사를 재구성하는 것에 관한 연구는 매우 느리게 발달해 왔다. 1930년대에는 벨기에의 성직자이면서 물리학자인 조르주 르메트르(Georges Lemaître)가 초창기 우주론의 지도적 역할을 담당했다. 그의 '원시 원자(primeval atom)' 이론은 오늘날 '대폭발 모형'으로 알려진 이론의 바탕이 되었다. 1940년대 후반에 러시아 출신의 미국 학자 조지 가모브(George Gamow)와 그의 두 제자 랠프 앨퍼(Ralph Alpher)와 로버트 허먼(Robert Herman)이 대폭발 이론을 완성했다. 그들은 팽창하는 우주의 초기 상태가 어떠했는가를 규명하기 위해 기존의 물리학을 적용하는 가능성에 대해 심각하게 검토하다가 중요한 단서 하나를 찾아냈다. 만약 우주가 먼 과거에 뜨겁고 밀집된 상태(현재보다 훨씬 수축된 상태, 어쩌면 0 크기의 상태)로 시작되었다면, 폭발적인 시작으로부터 나온 복사의 일부가 남아 있을 것이다. 좀 더 전문적으로 말하면, 그들은 우주가 탄생한 지 몇 초 지났을 때 모든 지점이 핵반응이 일어날 수 있을 만큼 충분히 온도가 높아야 한다고 생각했다. 그렇다면 핵반응으로 우주 여러 곳에서 복사가 방출되었을 것이고, 그 복사는 오늘날에도 우주 저편 어딘가에 남아 있을 것이다. 후일 이 위대한 통찰력은 자세한 관측과 정확한 예측으로 입증되었다.

    1948년에 앨퍼와 허먼은 대폭발 당시 나온 복사는 우주가 팽창하면서 냉각되었을 것이기 때문에 현재 남아 있는 복사의 잔해는 절대 온도 5도(절대 온도 0도는 약 섭씨 -273도에 해당) 정도 될 것이라고 예측했다. 그러나 불행하게도 그들의 예측은 수많은 물리학 논문들 사이에 묻힌 채로 잊혀졌다. 15년이 지나도록 몇몇 다른 과학자가 온도가 높고 팽창하는 우주의 기원에 대해 연구하고 있었지만, 아무도 앨퍼와 허먼의 논문에 대해서는 알지 못했다. 모처럼의 연구 성과는 이렇게 단절되고 말았다. 1950년대와 1960년대 초반의 물리학자들 대부분에게는 우주의 초기 역사를 재구성하는 것은 심각한 연구 주제가 아니었다. 그러나 1965년에 이르러 모든 것이 바뀌었다. 앨퍼와 허먼이 예견했던 우주 복사——하늘의 모든 방향에서 동일한 세기로 감지되는 전파 잡음——를 뉴저지 주의 벨(Bell) 연구소에 근무하는 전파 기술자인 아노 펜지어스(Arno Penzias)와 로버트 윌슨(Robert Wilson)이 극적으로 발견했기 때문이다. 그들은 에코(Echo) 반사 위성을 추적하기 위해 개발된 민감한 전파 안테나의 정밀도를 조정하다가 전파 잡음을 발견했다. 한편, 같은 무렵에 벨 연구소에서 수 킬로미터 떨어진 프린스턴 대학교에서는 물리학자 로버트 디케(Robert Dicke)가 지도하는 그룹이 앨퍼와 허먼이 이미 오래전에 발표했던 것과 동일한 내용을 독립적으로 연구하고 있었다. 그리고 대폭발로부터 나온 복사의 잔해를 찾기 위한 검출기도 개발하고 있었다. 그들은 벨 연구소 수신기에

잡힌 설명할 수 없는 잡음이 바로 그들이 찾고 있던 복사의 잔해임을 알게 되었다. 그것이 열적 복사라면 복사 온도는 절대 온도 2.7도일 것이라고 예상했다. 이 온도는 앨퍼와 허먼이 추정한 값에 매우 근접했다. 그 후 이 현상은 '우주 배경 복사'라고 불리게 되었다.

우주 배경 복사의 발견은 대폭발 모형에 대한 진지한 연구의 시작을 의미한다. 점차 많은 관측자들이 우주 배경 복사의 특성을 더 많이 밝혀냈다. 우주 배경 복사는 모든 방향에서 1,000분의 1 범위 내의 오차로 동일한 세기를 가지고 있다. 또 각각 다른 진동수별로 복사의 세기를 측정해 보니, 일정한 온도에서 진동수에 따라 특징적인 세기의 변화를 보이고 있었다. 이처럼 일정한 온도에서 진동수에 따라 특정한 세기의 변화를 보이는 복사를 '흑체 복사'라고 한다. 불행히도 지구 대기 내의 분자들로 인한 흡수와 방출 때문에 모든 진동수에서 우주 배경 복사를 측정하기는 어려웠다. 천문학자들은 이 복사의 전체적인 스펙트럼을 얻을 수 없었고, 따라서 이것이 열적 복사로 인한 것임을 확인하기도 어려웠다. 그래서 이 복사가 우주 배경 복사가 아니라 우주 팽창이 시작된 뒤 오랜 시간이 지난 후에 태양계에 가까운 곳에서 일어난 어떤 격렬한 사건 때문에 생긴 것이 아닐까 하는 의문도 남아 있었다.

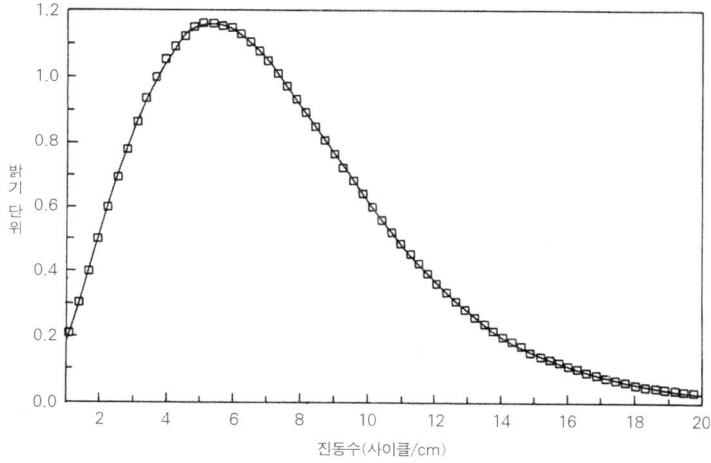

그림 1.6
진동수에 따른 우주 배경 복사 세기의 다양성. 코비 위성이 대기 위에서 관측한 것이다. 사각형으로 표시된 관측값은 절대 온도 2.73도에 해당하는 순수 열복사 곡선(실선)과 일치한다.

이러한 의문들은 지구 대기 밖에서 이 복사를 관측함으로써 마침내 해결되었다. 1989년 미국 항공 우주국(NASA)에서 우주 배경 복사를 관측하기 위해 코비(COBE) 위성을 발사했고, 우주 공간에서 우주 배경 복사의 전체적인 스펙트럼을 완전하게 측정하는 데 성공했다. 자연에서 보아 왔던 스펙트럼 중 가장 완벽했고, 그 스펙

트럼은 우주가 처음에는 현재보다 수십만 도나 더 뜨거웠음을 의미했다 그림 1.6. 우주 배경 복사가 이런 극단적인 조건에서 방출됐다고 가정해야만 관측된 바와 같은 정확한 흑체 복사 형태가 설명 가능하기 때문이다.

우주 배경 복사가 우주 내의 태양계 가까운 곳에서 최근에 형성된 것이 아님을 밝히는 또 하나의 실험은 U2 항공기 고공 관측이었다. 첩보기로 사용했던 이 항공기는 기체가 매우 작고 날개 길이가 길어 극히 안정된 수평 비행 상태를 유지하므로 관측용으로 적합하다. 첩보기로 쓸 때는 주로 지상의 상황을 관측했겠지만, 이 경우에는 지상보다는 상공을 관측하게 되었다. 그 결과 복사의 세기가 하늘 전체를 통틀어, 작지만 체계적인 변화가 있음을 알아냈다. 이러한 변화는 이 복사가 먼 과거에 생겨났으며, 우주의 모든 방향으로 고르게 퍼져 나갔을 경우에 존재할 것이라고 이미 예측했던 것이었다. 이 변화를 이해하기 위해 다음과 같이 생각해 보자. 만일 이러한 형태의 복사가 우주의 초기에 발생해 모든 방향으로 퍼져 나가고 있다면, 태양이나 지구는 그 복사장 속을 움직이고 있는 셈이 된다. 이때 우리의 알짜 움직임은 태양에 대한 지구의 운동, 우리 은하에 대한 태양의 운동, 이웃 은하에 대한 우리 은하

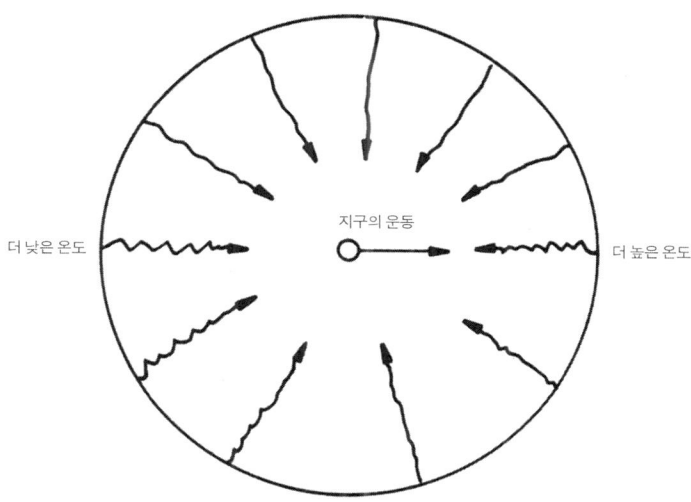

그림 1.7
대폭발 당시 방출된 우주 배경 복사가 퍼져 나가고 있는 상태와 그 속을 움직이는 우리의 운동을 도식적으로 나타냈다. 우주 배경 복사는 우리가 움직여 가는 방향에서 최고 세기로 관측되고, 반대 방향에서 최저 세기로 관측된다. 이들 사이에는 안정된 코사인 함수의 변화가 나타난다.

의 운동 등등의 효과가 모두 합쳐져서 나타날 것이다. 그 결과 우리는 복사의 바다를 헤치며 어떤 방향으로 움직이는 상황이 된다

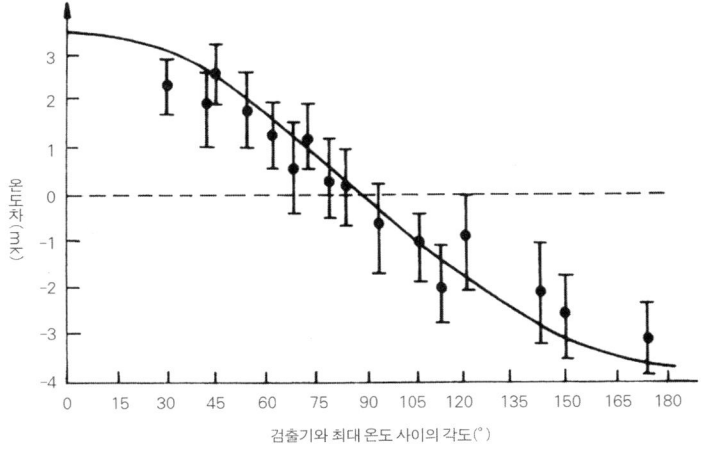

그림 1.8
'하늘의 거대 코사인'은 mK(절대 온도 1,000분의 1도) 온도 범위에서 우주 배경 복사의 변화를 나타낸다. 최댓값을 갖는 방향에서 최솟값을 갖는 방향까지 관측값이 다양하게 변한다. 관측값마다 표시된 오차 범위는 각 온도 측정의 정확도를 보여 준다.

그림 1.7. 이때 우리가 우주 배경 복사의 세기를 관측한다면, 그 세기는 우리가 복사를 받는 방향으로 움직일 때 최대로 나타나고, 180도 반대 방향으로 움직일 때 최소로 나타날 것이다. 우리의 운동 방향이 바뀜에 따라 복사의 세기는 최댓값과 최솟값 사이를 움직

이며 일정하게 변화할 것이다. 이러한 변화 경향은 운동 방향을 나타내는 각도(복사를 받는 방향을 0, 그 반대 방향을 180으로 할 때 운동 방향은 그 두 상태 사이의 각도로 표시할 수 있다.)에 따른 코사인 함수로 나타날 것이다 그림 1.8. 이것은 마치 빗속을 달려가는 것과 같다. 빗속을 달려갈 때 앞쪽은 젖지만 등은 젖지 않은 경우가 있지 않은가. 고공 관측에서 얻은 우주 배경 복사의 세기 변화는 예측한 바와 같이 완벽한 코사인 함수의 변화를 보였다.

이 현상에 '하늘의 거대 코사인(Great Cosine in the Sky)'이라는 이름이 붙었는데, 몇 개의 다른 실험을 통해서도 확인되었다. 결론적으로 우리와 우리가 속한 국부 은하군은 우주 배경 복사의 바다에 대해서 상대적으로 움직이고 있다. 만일 그렇지 않고 우주 배경 복사가 우리와 함께 운동하고 있다면, 즉 가까운 곳에서 발생된 지역적인 현상이라면 복사 세기의 코사인 함수 변화는 나타날 수가 없다. 그러므로 우주 배경 복사는 태양계 가까운 곳에서 지역적으로 생긴 현상일 수는 없는 것이다.

그런데 우주 배경 복사에서 나타나는 세기의 변화는 모두 우리의 상대적인 운동 때문에 나타나는 것은 아니다. 바꾸어 말하면, 우주 배경 복사 속을 움직이는 우리의 운동이 복사의 세기 변화를 일으키는 유일한 원인이 아니라는 뜻이다. 만일 우주가 모든 방향으로, 같은 속도로 팽창하지 않고 각각의 방향마다 다른 속도로 팽창하고 있다면 그때의 우주 배경 복사는 균일하지 않을 것이다. 더 빠르게 팽창하는 방향에서 더 빠르게 냉각될 것이므로 이런 방향에서 오는 복사는 온도가 더 낮고 세기도 더 약할 것이다. 팽창이 균일하지 않다면 복사뿐만 아니라 물질의 분포도 균일하지 않을 것이므로 어떤 곳에서는 물질의 응집이 생기고, 또 어떤 곳에서는 물질이 다른 지역보다 적게 존재할 것이다. 만약 그렇다면 그 방향으로부터 오는 복사의 세기는 물론 달라질 것이다. 코비 위성의 목적은 바로 이러한 변화가 존재하는지를 찾는 것이었다. 그 발견은 1992년 세계 뉴스의 머리기사를 장식했다.

하늘의 각기 다른 방향으로부터 오는 복사의 세기를 모두 측정했고 그 결과, 매우 놀라운 사실을 알아냈다. 우주는 모든 방향에서 1,000분의 1 오차 내의 정확도로 같은 비율로 팽창하고 있었다. 그러므로 우주 팽창은 등방적(isotropic)이라고 할 수 있다. 등방적이라는 것은 모든 방향에서 동일하다는 뜻이다. 우리가 여러 종류의 우주 중에서 제비뽑기를 하듯 무작위로 한 개의 우주를 선택할 수 있다면 어떤 우주가 선택되겠는가? 셀 수 없이 다양한 우주의 가능성이 있을 것이다. 어떤 방향으로는 빠르게 팽창하고, 또 어떤 방향으로는 느리게 팽창하는 우주, 고속으로 회전하는 우주, 또는 어떤 방향으로 팽창하고 다른 방향으로는 수축하는 우주 등등. 그중에서 하나를 무작위로 뽑는다면 등방적으로 정렬된 우주는 아닐 확률이 크다. 그러나 우리 우주는 바로 그러한 특이하면서도 매우 잘 정렬된 상태이고, 모든 방향에서 높은 정확도로 균일하게 팽창하고 있다. 이것은 마치 어린아이의 침대가 잘 정돈된 것을 발견한 경우와 비슷하다고 할 수 있다. 즉 거의 있을 수 없는 상태인 것이다. 따라서 뭔가 다른 외적 영향이 있었을 것이라고 생각할 수 있다. 그리고 그 외적 요소가 등방적으로 팽창하는 우주를 설명해 줄 실마리가 될 것이다.

우주론을 연구하는 과학자들은 우주 팽창의 등방성을 언젠가는 풀어야 할 커다란 수수께끼로 여겨 왔는데, 접근 방법은 두 가지 형태가 있다. 그 첫 번째는 우주는 처음부터 등방적으로 팽창했고, 현재의 상태는 시작 당시의 특정한 조건의 반영이라는 것이다. 모든 천체는 초기 조건에 따라 그대로 존재해 왔고, 현재에도 그대로 존재하고 있다는 것이다. 그러나 이러한 생각은 실질적으로 아무런 도움도 되지 않으며 어떤 설명도 해 줄 수 없다. 처음부터 그랬다는 식의 생각은 마치 요정이 그렇게 만들었다고 생각하는 것이나 마찬가지다. 그러나 물론 그것이 사실일 수도 있다. 만일 그렇다면 우리는 등방성 팽창의 초기 상태를 있게 한 어떤 '원리'를 찾아야 한다. 그러나 이러한 접근법이 불쾌한 점은 현재의 우주를 설명해야 할 책임을 전적으로, 우리가 알지 못하는 (아마도 알 수 없는) 초기 상태로 돌리려고 한다는 점이다.

두 번째 접근법은 현재의 상태를 우주에서 계속 진행되어 온 어떤 물리적 과정의 결과로 보는 관점이다. 그 초기 상태가 아무리 불규칙하더라도 수십억 년 후 그 불규칙성은 사라지고 등방적으로 팽창하는 상태가 남았다는 것이다. 이러한 접근법은 연구의 가능성을 보여 주고 있다는 이점을 가지고 있다. 그러면 팽창이 진행되면서 비균질성을 균질화할 수 있는 우주적 과정이 과연 있을까? 있다면 우주를 그렇게 균질하게 하는 데 얼마나 걸릴까? 이러한 일련의 과정들은 오늘날에 이르기까지 우주의 모든 불규칙성을 제거한 것일까, 아니면 적은 양의 불규칙성만을 제거한 것일까? 이런 접근법으로 생각하면 우주가 어떻게 시작되었든 우주 초기에 어떤 피할 수 없는 과정이 있었고, 150억 년의 팽창을 거친 후에 오늘날과 같은 모습이 되었다고 말할 수 있을 것이다.

두 번째 접근법은 첫 번째 접근법보다는 더 매력적으로 느껴지지만, 여기에도 단점이 있다. 우주의 현재 상태가 초기 조건에 상관없이 형성된 것이 사실이라면, 현재 우주의 구조를 관측하는 것만으로는 초기 상태에 관해 어떤 정보도 얻을 수 없게 되기 때문이다. 그러나 반대로, 만일 현재의 우주 구조――등방성 팽창, 은하단의 형성 등 현재 나타나고 있는 경향들――가 우주가 시작된 방법을 부분적으로라도 반영하고 있다면, 현재의 우주를 관측함으로써 우주의 초기 상태를 알 수 있을지도 모른다.

2
우주 카탈로그

> 다른 사람들 모두 전문가지.
> 하지만 그는 그 모든 전문성들을 총괄하는 전문가라네.
> ─『브루스파팅턴 설계도(*The Bruce-Partington Plans*)』

아인슈타인이 일반 상대성 이론을 발표한 1915년 무렵에는 우주가 별들의 집합체인 은하들로 구성되어 있다는 증거가 없었다. 은하가 별들의 집합체라는 것도 알려지지 않았고, 또 이러한 은하들이 우리 은하 밖에 있는 외부 은하라는 것도 알지 못했다. 그러므로 이들 광원─성운이라고도 한다.─은 막연히 우리 은하 내에 존재하는 것이라고 믿었다. 천문학자나 철학자를 막론하고 우주는 별들로 이루어져 있으며, 정적(靜的)이라는 생각이 지배적이었다. 또한 우주가 정지되어 있지 않을지도 모른다는 의문조차 제기한 적이 없었다. 아인슈타인이 새로운 중력 이론을 발표할 당시의 지적 상황이 이러했다. 아인슈타인의 새로운 중력 이론은 뉴턴의 고전 이론을 포함하면서 동시에 그것을 대신했다. 일반 상대성 이론은 우주가 무한히 확장된다 하더라도 그러한 우주 전체를 설명할 수 있는 탁월한 장점을 가지고 있었다. 아인슈타인의 방정식에는 아주 단순한 해법이 존재했다. 그 극히 단순한 해법이 우리가 알고 있는 우주를 잘 설명하고 있다.

아인슈타인이 그의 새로운 방정식을 이용해 우주를 설명하려고 시도했을 때, 그는 먼저 과학자들이 일반적으로 행하는 작업에 착수했다. 문제를 풀기 위해서 먼저 문제를 단순화시킨 것이다. 실제의 우주를 다루기에는 우주가 너무 복잡했다. 그래서 그는 물질이 우주 어디에서나 고르게 분포하고 있다고 가정했다. 실제의 우주는 별과 같은 여러 천체가 존재하기 때문에 밀도가 고르게 분포되어 있지 않은데, 아인슈타인은 그러한 밀도 분포의 다양성을 무시했다. 그는 또한 우주는 어느 방향에서 보든지 동일하다고 가정했다. 현재 우리가 아는 바에 따르면, 이것은 우리 우주가 처해 있는 상태에 대한 매우 탁월한 근사법이다. 오늘날에도 우주론을 연구하는 과학자들은 우주 전체를 다루고자 할 때 이와 같은 가정을 한다. 그런데 아인슈타인은 그의 방정식에 따르면 우주가 수축하거나 그렇지 않으면 팽창하고 있어야 함을 발견했다. 사실 이러한 결과는 이상할 것이 없다. 뉴턴의 중력 법칙을 보더라도 당연하다. 공간에 먼지 입자들의 덩어리(예를 들면 성간운 같은)가 존재한다면, 그들은 입자들 사이의 중력 작용으로 서로 끌어당기기 시작할 것이고, 결국 덩어리는 수축할 것이다. 그러므로 우주에 중력만 존재한다면 마땅히 수축하고 있어야 한다. 이것을 막을 수 있는 상황은 오직 입자들을 떨어뜨려 놓으려고 하는 힘이 어떤 종류의 팽창이나 폭발로 인해 존재하는 경우뿐이다. 만약 중력에 상응하는 힘이 존재하지 않는다면 변화 없이 정지된 상태로 있을 수가 없다. 다시 말해 우주에서 반대 방향의 힘이 없다면 별이나 은하는 중력 작용으로 인해 서로 가까워질 것이다. 그러므로 우주는 팽창하고 있어야 한다.

그러나 아인슈타인은 그의 이론이 이런 결론을 이끌어 낸 데 대해 매우 고민했다. 그는 우주가 정지되어 있지 않다고 확언할 수는 없었다. 당시에 팽창하는 우주라는 것은 매우 비정상적인, 있

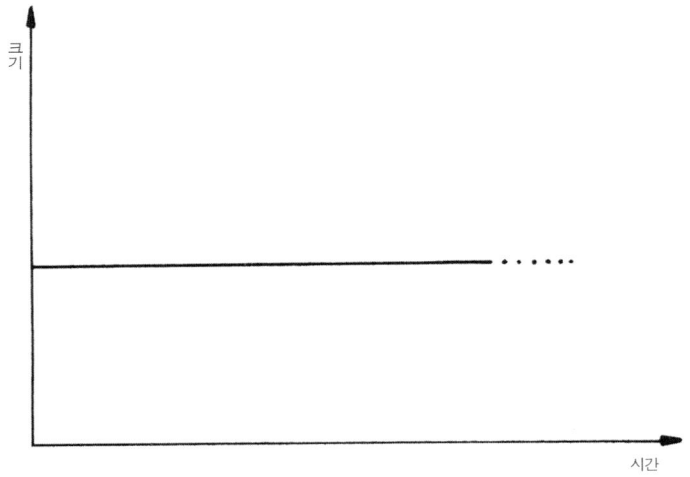

그림 2.1
정적인 우주는 시간에 따라 크기가 변하지 않는다. 시작도 없고 끝도 없다.

을 수 없는 것으로 생각되었기 때문이다. 따라서 아인슈타인은 우주가 팽창하거나 수축할 가능성을 막을 수 있도록 그의 새로운 중력 이론을 수정하려고 했다. 그는 물질의 끌어당기는 힘에 반대하는 힘을 나타내는 수학적인 용어를 도입했다. 그 용어 — '우주 상수'라고 불렀다. —를 일반 상대성 이론에 도입해 끌어당기는 힘

인 중력에 정확히 대응하는 척력이 존재하는 모형을 만들 수 있었다. 이 모형은 오늘날 아인슈타인의 정적 우주 모형으로 알려져 있다 그림 2.1.

1922년, 러시아 상트페테르부르크의 젊은 수학자이자 대기 과학자인 알렉산더 프리드만(Alexander Friedmann)은 아인슈타인이 중대한 사실을 놓치고 있음을 발견했다. 정적인 우주는 확실히 수정된 방정식의 해였지만 그것이 **유일한** 해는 아니었다. 수정된 식에도 원래의 방정식과 마찬가지로 우주의 팽창을 뜻하는 해들이 존재했다. 즉 아인슈타인이 도입한 반중력적인 힘으로도 우주 팽창을 부인할 수는 없었다. 프리드만은 일반 상대성 이론에서 유도할 수 있는 가능한 모든 우주 팽창의 해를 구해 그 결과를 아인슈타인에게 보냈다. 아인슈타인은 프리드만의 계산 착오라고 생각했다. 그러나 곧 프리드만의 동료들이 아인슈타인을 설득했고, 아인슈타인도 우주 상수의 도입이 비현실적인 정적 우주를 만들어 냈다는 것을 깨달았다. 만일 아인슈타인의 정적 우주 모형에서 극히 작은 범위의 변화라도 주어진다면 그 우주는 팽창하거나 수축하기 시작할 터였다. 아인슈타인이 유도했던 정적 우주는 아슬아슬하게 균형을 유지하고 있는(마치 바늘 끝으로 서 있는 것과 같은) 우주의 상태였다.

수년 뒤에 아인슈타인은 우주 상수를 고수하려 했던 것이 일생 최대의 실수라고 술회했다. 우주 상수를 그의 방정식에 도입함으로써 우주가 팽창한다는 경이로운 예측을 할 수 있는 기회를 놓쳐 버렸다는 것이다. 그 영예는 알렉산더 프리드만에게 돌아갔다. 그의 예측은 7년 후에 에드윈 허블의 관측을 통해 확인되면서 우주 팽창의 패러다임은 인정을 받았지만 프리드만은 불행히도 그것을 보지 못하고 세상을 떠났다. 대기 과학자이기도 한 프리드만은 기상 연구 때문에 위험한 고공 기구 비행을 많이 했다. 1925년, 당시 37세밖에 되지 않았던 그는 비행의 후유증으로 죽었다. 그의 죽음은 과학계의 큰 손실이었다.

비록 아인슈타인이 정적인 우주라는 전통적인 견해를 답습하기는 했지만, 그의 이론들이 우주에서 일어날 모든 변화의 가능성까지 부정한 것은 아니다. 즉 우주 팽창이나 수축에 관해 앞선 개념은 아니었지만, 우주가 점점 무질서하고 살기 어려운 상태로 흘러가고 있다는 추측을 하게끔 했다. 사실 이러한 예측은 힘의 원천으로서 어떻게 열이 사용되는지를 연구하는 데에서 시작되었다. 산업 혁명은 과학과 공학에서 많은 진보를 가져왔다. 그중 가장 대표적인 것은 기계와 증기 엔진에 대한 설계와 이해였다. 이러한 발달에 힘입어 에너지의 한 형태로서의 열에 대한 연구가 시작되었다. 이 무렵 에너지는 '보존'된다는 것을 알게 되었다. 또한 에너지는 생성되거나 소멸되지 않으며 단순히 한 형태에서 다른 형태로 변화할 뿐이라는 것도 알게 되었다. 그러나 그 이상의 것이 있었다. 어떤 형태의 에너지는 다른 형태보다 더 유용하다. 그 유용성의 정도를 측정하려면 그 에너지가 존재하고 있는 형태가 어느 정도 질서 정연한가를 측정하면 된다. 무질서할수록 유용성이 떨어진다. 이런 무질서를 '엔트로피(entropy)'라고 하며, 엔트로피는 항상 자연적으로 증가한다. 이것은 그다지 이상한 일이 아니다. 여러분의 책상 위나 아이들의 침실은 정돈된 상태로 있어도 시간이 지나면 무질서해진다. 결코 그 반대로는 안 된다. 이처럼 질서 있는 상태에서 무질서한 상태로 가는 경우는 그 반대의 경우보다 훨씬 많으며, 우리는 이런 경향을 실제 상황에서 수없이 경험한다. 이런 개념이 유명한 '열역학 제2법칙'을 탄생시켰다. 이 법칙은 닫힌 계(system)에서의 엔트로피는 결코 감소하지 않음을 시사한다.

열기관을 연구하던 루돌프 클라우지우스(Rudolf Clausius) —— 1850년 '열역학 제2법칙'을 발견했고, 엔트로피 개념을 도입했다.──등의 학자들은 차츰 우주는 그 자체로 하나의 닫힌 계이며, 동일한 열역학 법칙의 적용 대상이라고 생각하게 되었다. 그러나 이러한 생각은 우주의 미래의 대해 비관적인 전망을 하게 했다. 모든 것이 자연적으로 무질서하고 비구조적인 상태를 향해 진행한다면 우주의 질서 정연한 에너지 상태 역시 궁극적으로는 무질서하게 와해될 것이다. 이러한 생각에 따라 내린 논리적 결론은 클라우지우스가 우주의 '열적 죽음(heat death)'이라고 표현한 말 속에 잘 나타나 있다. 그는 우주의 엔트로피가 계속 증가하기 때문에 언젠가는 최댓값에 이를 것이며, 그 후에는 더 이상의 변화가 일어날 수 없을 것이라고 예측했다. 즉 우주는 변할 수 없는 죽음의 상태에 이른다는 것이다. 우주는 최대 엔트로피 상태──어디서나 동일한, 무정형의 복사의 바다──로 남겨질 것이다. 별, 행성, 생명체 같은 체계를 가진 개체는 하나도 남지 않을 것이며, 단지 열복사만이 최종 평형 상태에 이를 때까지 냉각을 거듭할 것이다.

또 다른 학자들은 이런 생각을 먼 과거에 적용시켜 보려고 시도했다. 이를 적용하면 우주는 시작──최대의 질서 상태──을 가져야만 한다. 1873년, 당시 영향력 있는 학자 중 하나인 영국의 과학 철학자 윌리엄 제번스(William Jevons)는 다음과 같이 주장했다.

우리는 우주의 열적 역사를 무한한 과거까지 추적할 수 없다. 음의 시간값(과거를 뜻함)에 대해서는 방정식의 해가 불가능한 값을 나타낸다. 즉 현재까지 알려진 자연 법칙에 따르면, 기존의 분포로부터는 얻을 수 없는 열적 분포의 초기 상태가 존재함을 의미한다. ……
따라서 오늘날의 열 이론에 따르면 우리는 과거의 어느 특정한 날에 일어난 창조를 믿든지, 아니면 자연 법칙이 어떤 설명할 수 없는 변화를 일으켜 왔다는 것을 믿어야만 하는 딜레마에 빠진다.

여기서 분명히 밝혀 둘 점은, 우주의 시작에 관한 이러한 논의가 우주 팽창의 개념이 등장하기 50년 전에 제시되었다는 것이다. 1930년대에 영국의 천체 물리학자인 아서 에딩턴(Arthur Eddington)이 이 논쟁을 다시 시작했다. 이때는 아인슈타인의 중력 이론과 허블의 관측 결과를 이용한 우주 팽창 개념이 등장한 이후였다. 그는 다음과 같이 썼다.

시간을 거슬러 올라갈수록 우주는 점점 더 조직적이었을 것이다. 계속 시간을 거슬러 올라가면 궁극적으로는 세계의 물질과 에너지가 가능한 한 최대로 조직적인 상태에 이를 것이다. 더 이상 진행하는 것은 불가능하다. 이제 우리는 시간·공간의 또 다른 한쪽 끝——갑작스러운 끝——에 이른 것이고, 우리는 이것을 시간의 진행 방향을 고려해서 '시작'이라고 부른다. …… 현재의 과학 이론이 예측하는 미래——우주의 열적 죽음——를 받아들이는 데는 전혀 문제가 없다고 생각한다. 그것은 수십억 년 후의 일일 것이고, 모래가 흘러가듯이 천천히, 그리고 변화가 거의 없는 채로 진행될 것이다. 이러한 결과는 피할 수 없는 것이라고 느낀다. 물리적 우주의 붕괴가 이렇게 비관적으로 인식되고, 또 종교적인 소망과 대치되는 것으로 비춰진다는 것은 매우 재미있는 일이다. 언제부터 "하늘과 땅이 소멸할 것이다."라는 말이 반교회적인 것으로 몰리게 되었는가?

'우주의 열적 죽음'은 1930년대에 에딩턴과 동시대 영국인 천체 물리학자인 제임스 진스(James Jeans)가 쓴 책이 대중적으로 인기를 얻으면서 더욱 잘 알려지게 되었다. 영원히 팽창하는 우주라는 개념과 클라우지우스의 열적 죽음의 결합은 우주의 모든 내용물이 비구조적 열복사로 와해될 것이라는 개념을 더하게 했다. 당시 이러한 개념의 영향은 상당히 널리 퍼졌는데 그 무렵의 이론적·철학적 저서들, 심지어 도로시 세이어스(Dorothy Sayers)와 같은

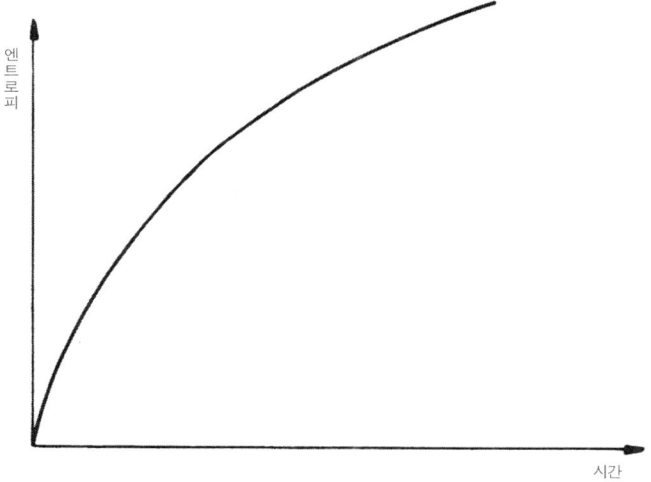

그림 2.2
과거의 어느 유한한 시간 동안, 엔트로피가 0인 상태로부터 엔트로피가 증가하는 것을 나타낸 그래프.

소설가의 작품 속에서도 이와 같은 비관주의 경향을 찾아볼 수 있다. 그러한 작품들은 마치 세상의 종말이 왔다거나 종말로 치닫고 있다고 외치는 거리의 전도사들처럼 지구에서뿐만 아니라 우주 어느 곳에서든지 생명의 종말이 올 것이라고 암시하고 있다.

제번스를 비롯한 몇몇 학자가 시작한 이 논쟁에는 오류가 많

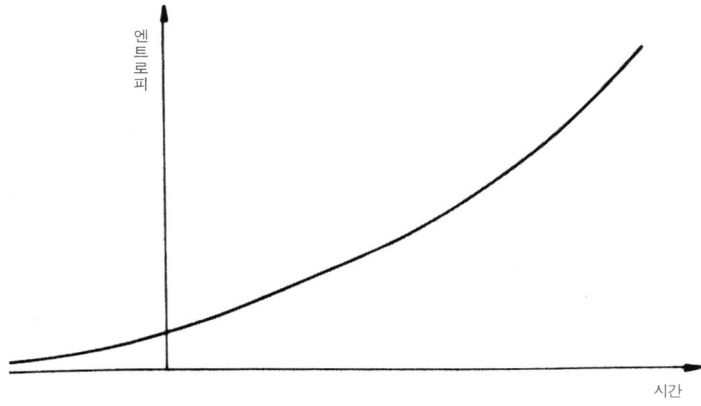

그림 2.3
또 다른 우주의 가능성. 엔트로피는 항상 증가하나 과거로 갈수록 점점 0에 가까워질 뿐이지 0이 되지는 않는다.

았지만 당시 아무도 그 점을 지적하려 한 사람이 없었다는 사실 또한 흥미롭다. 열역학 제2법칙에 따르면, 우주의 엔트로피는 과거로 갈수록 작아지지만, 그렇다고 해도 그림 2.2에서와 같이 어떤 유한한 시간이 지난 후에 0에 도달해야 할 필요는 없다. 엔트로피는 시간에 따라 지수 함수적으로 증가할 수 있으며, 그때는 과거로

갈수록 0에 도달하지 않고 0에 무한히 가까워지게 된다 그림 2.3.

한편 우주의 엔트로피는 시간이 지남에 따라 증가하는 반면, 국지적으로는 감소할 수 있다. 이것이 바로 오늘날 여러 곳에서 일어나고 있는 현상이다. 지구의 생물권이 더욱 질서 정연해지면 그에 따른 엔트로피의 감소량만큼 전체적인 엔트로피는 증가한다. 이때 전체 엔트로피의 증가는 지구와 태양 사이의 열 교환 등을 포함해 생각한다면 잘 이해할 수 있다. 예를 들어 나무 조각을 이용해서 의자를 만드는 경우, 그 과정에서 질서도는 당연히 증가할 것이다. 즉 엔트로피는 감소한다. 그러나 우리의 체내에서 탄수화물과 당이 에너지로 전환되고 우리가 행한 일로 전환되는 것까지 포함한다면 전체 엔트로피는 증가하기 때문에 열역학 제2법칙에 위배되지는 않는다. 실제로 우리는 주변에서 보는 생물계의 복잡성으로부터, 자연에서 일어나는 엔트로피 증가와 지역적인 엔트로피 감소의 균형을 찾아볼 수 있다.

우주론 연구자들은 최근에야 영원히 팽창하는 우주에서의 열적 죽음, 즉 최대 엔트로피 상태에 이르는 일은 일어나지 않는다는 것을 깨달았다. 우주의 엔트로피는 증가하지만 어떤 주어진 시간에 가질 수 있는 최대 엔트로피는 더 빨리 증가한다. 따라서 최대

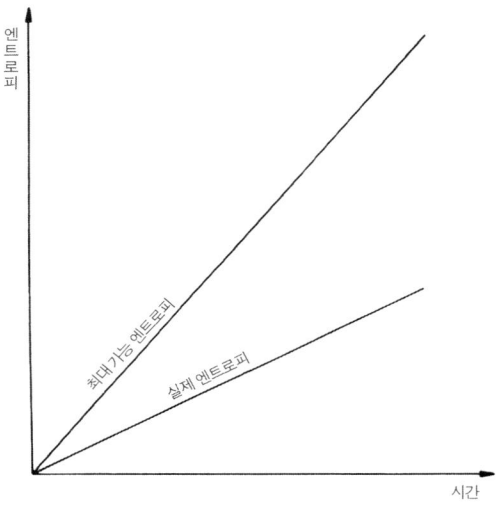

그림 2.4
우주의 '열적 죽음'에 대한 현대적 인식. 팽창하는 우주에서 엔트로피는 시간에 따라 영원히 증가하지만 우주의 최대 가능 엔트로피는 더 빨리 증가한다.(우주 크기는 팽창하지만 물질의 양은 동일하기 때문이다.) 그러므로 시간이 지나면서 우주는 최대 가능 엔트로피에서 맞게 되는 완전한 평형 상태인 '열적 죽음'으로부터 점점 더 멀어진다.

가능 엔트로피와 실제 우주의 엔트로피와의 차이는 그림 2.4에서 보는 바와 같이 계속 벌어진다. 우주는 실제로 완전한 열적 '죽음'으로부터 점점 멀어지고 있다.

우주의 엔트로피를 계산해 보면 매우 낮다. 즉 우리는 우주의 에너지 형태 분포가 무질서와는 거리가 더 먼 형태로 가고 있다고 생각할 수 있다. 우주는 엔트로피가 증가하는 상태로 150억 년 동안이나 팽창해 왔음에도 불구하고 아직도 극히 질서 정연하다. 이것은 큰 수수께끼이다. 이는 곧 우주의 처음 상태가 지금보다 훨씬 더 질서 정연했음을 의미한다. 또한 극히 특수한 어떤 대원리가 우주의 진화를 지배했음을 의미한다. 그러나 그런 원리를 발견해 이러한 생각을 설명하는 것은 불가능하다고 판명되었다. 왜냐하면 우리는 우주 안에서 질서와 무질서가 존재하는 모든 방법을 정식화할 수 있을 만큼 그 구조에 대해 충분히 알지 못하기 때문이다. 그렇기 때문에 현재의 엔트로피를 계산하는 것은 불완전할 수밖에 없다. 예를 들어 1975년 물리학자 제이콥 베켄슈타인(Jacob Bakenstein)과 스티븐 호킹(Stephen Hawking)은 블랙홀이 그 내부의 양자적 측면과 관련된 엔트로피를 포함하고 있음을 보였다. 또 영국의 수학자 로저 펜로즈(Roger Penrose)는 유사한 엔트로피가 우주의 중력장에 연관되어 있을 것이라고 추론했다. 이러한 예에서 보듯이, 현재의 엔트로피가 얼마인가 하는 것은 아직도 많은 미지수를 포함하고 있다. 중력의 열역학적 측면에 대해 더욱 완전하게 이해하는 것은 미래의 우주론 연구자들에게 남겨진 숙제이다. 이 책의 끝부분에서 이 내용으로 다시 돌아가겠다.

지금까지 본 영원히 팽창하는 우주, 영원히 엔트로피가 증가해 생명체가 없는 미래로 진행하는 우주에서 다른 형태의 우주로 관심을 돌려 보자. 프리드만의 또 다른 우주 팽창 모형이 그것이다. 이 모형은 물질에 작용하는 중력의 끌어당김이 우주를 재수축시킬 만큼 충분히 느리게 팽창하는 우주이다. 결국 미래에는 우주가 재수축해 크기가 0이 된다. 이러한 모형의 최종 상태는 수축이 진행됨에 따라 온도와 밀도가 무제한적으로 증가하는 상태가 될 것이다. 우주 진화에 대한 이러한 모형은 고전적인 순환 우주(cyclic universe) 개념을 상기시킨다. 이와 같은 종류의 우주는 영원히 끝나지 않는 재탄생을 되풀이하며, 매번 먼젓번 우주의 잔재 속에서 불사조처럼 다시 태어난다 그림 2.5.

이러한 관점에 따르면 우리는 무한한 미래를 향해 무한한 순환을 되풀이하는 우주 중 하나인 어떤 우주의 팽창기에 살고 있다. 행성, 별, 은하 들은 모두 매번 우주가 '대함몰(big crunch)'을 향해 수축해 들어갈 때 파괴된다. 대함몰 후에는 다시 팽창 상태로 들어가게 된다. 이것은 철학적으로 편리한 점이 있는 반면 — 현재의

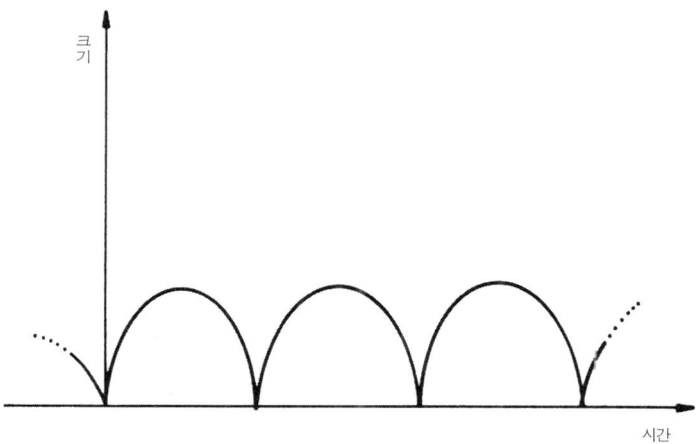

그림 2.5
각 순환이 먼젓번 것과 같은 크기를 영속적으로 가지는 진동 우주(oscillating universe).

팽창 상태를 생성하기 위해 우주의 시작점에서 일어난 일들을 설명할 필요가 없다.——열역학 제2법칙의 입장에서 볼 때 비판의 대상이 되기도 한다. 이러한 순환 우주 개념을 둘러싼 논쟁은 1930년대 미국의 물리학자 리처드 톨먼(Richard Tolman)이 시작했다. 그는 우주의 크기가 각각의 최대까지 증가하고, 각 순환 단계의 우주

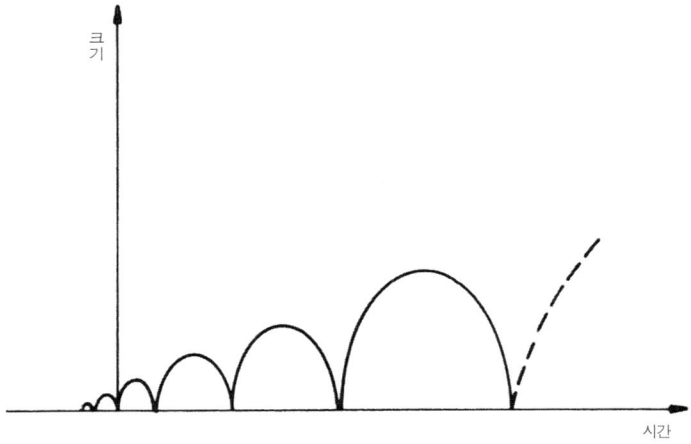

그림 2.6
열역학 제2법칙에 따라 엔트로피가 계속 증가해 우주의 복사압을 증가시키고, 시간이 지날수록 우주의 크기도, 각 우주의 수명도 증가한다.

는 먼젓번 순환 단계의 우주보다 클 것이라고 생각했다. 그는 이런 현상이 물질이 복사로 확산되면서 중력에 반하는 압력을 증가시키기 때문에 일어나는 것이며, 따라서 팽창은 각 순환 단계를 지날 때마다 더 길게 지속된다고 했다. 그러므로 만일 이러한 진동 우주를 역으로 거슬러 올라간다면 그 순환은 점점 작아질 것이다. 이런

식으로 계속 생각하면 이것은 우주가 과거의 어떤 유의미한 시간에 0 크기로부터 팽창을 시작했다는 모순된 결론에 이를 수도 있다. 그러나 앞에서처럼 무한한 순환이 있어 왔고, 시간을 거슬러 올라가면 각 순환은 점점 작아지지만 0 크기에는 도달하지 않으며, 다만 0 크기에 무한히 접근한다고 생각할 수도 있다 그림 2.6.

한편 일부 학자들은 무한한 순환이 과거에 있었다면 엔트로피의 증가 때문에 우주는 열적 죽음에 이르러야 한다고 주장한다. 그러나 재수축할 때 어떤 일이 일어났는지에 대해서는 아무도 확신할 수 없기 때문에 이것은 설득력 있는 주장이 될 수 없다. 어떤 학자들은 각각의 재수축 단계마다 물리적 상수나 엔트로피, 또는 모든 자연 법칙들까지도 다 달라진다고 주장하기도 한다. 오늘날에도 이런 논쟁에 대해 약간의 중요성을 부여할 수 있다. 왜냐하면 우리는 우주의 엔트로피에 영향을 주는 요인을 잘 알지 못하기 때문이다. 만일 중력장이 특이한 방법으로 엔트로피를 억제한다면 우주의 엔트로피는 순환을 거듭할수록 계속적으로 증가하거나 순환의 단계마다 커지지는 않을 것이다.

천문학자가 아닌 일반인 중 이런 주제에 흥미를 가진 사람들은 대폭발 이론에 대해 언급할 경우, '정상 우주론'이라 불리는 순환 우주론을 함께 생각하는 것이 보통이다. 사실 정상 우주론은 우주론 연구자들이 30년 전쯤에 흥미를 잃어버린 이론이다. 그럼에도 불구하고 대중들의 마음속에는 아직도 대폭발 이론의 경쟁자로 존재하고 있다. 정상 우주론은 천체 물리학자 토머스 골드(Thomas Gold)와 헤르만 본디(Herman Bondi), 프레드 호일(Fred Hoyle)이 고안했다. 그들은 1948년 케임브리지 대학교에서 「밤의 죽음(The Dead of Night)」이라는 영화를 본 이후 정상 우주론을 고민하기 시작했다. 그 영화는 끝날 때 처음의 상태로 다시 돌아가는 내용이었다. 우주가 그것과 비슷하다면 어떻게 될까? 그들은 스스로에게 질문했다. 우주가 팽창하고 있다는 것을 알았으나 우주가 시작을 가진다는 생각에는 동의하지 않았기 때문에, 우주가 무한한 과거로부터 미래까지 모든 관측자에게 같은 형태로 나타난다는 것을 제시하고자 했다. 그래서 평균적으로 언제나 같으며 시작이 없는 우주 모형을 생각했다 그림 2.7.

물질이 과거의 어느 특정한 순간에 한꺼번에 만들어졌다는 이론 대신, 물질이 **항상** 생성되고 있다는 이론을 제시했다. 그리고 물질의 생성률은 팽창으로 인해 밀도가 작아지는 것과 균형을 이루고 있으며, 이렇게 해서 우주의 물질 밀도는 항상 일정하게 유지

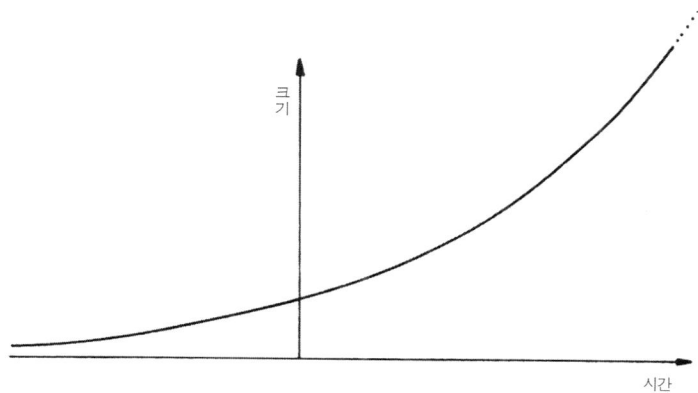

그림 2.7
정상 우주론에서의 우주 팽창. 시작도 없고 끝도 없다.

되고 있다고 주장했다. 이러한 과정은 과거에도 있어 왔으며 앞으로도 영원히 계속될 것이다. 이와는 대조적으로 대폭발 모형에서는 우주가 팽창할수록 밀도가 감소하고 시작점이 존재하며, 물론 연속적인 창조는 없다. 정상 우주 모형에서 요구한 물질의 생성률은 놀랄 만큼 작다(매 10억 년마다 1세제곱미터당 원자 1개). 게다가 매우 천천히 진행되기 때문에 물질의 창조 과정을 직접적으로 관측할 가능성은 없다. 생성률이 이렇게 작은 이유는, 우주에는 물질이

워낙 조금 존재하기 때문이다. 만일 오늘날 우주의 모든 별과 은하가 균질하게 퍼져서 원자의 바다를 이룬다면, 그 밀도가 1세제곱미터당 원자 1개 정도가 된다. 이것은 지구상의 실험실에서 만들어 낼 수 있는 최상의 진공 상태보다 더 진공에 가까운 상태이다. 이렇게 보면 지구 밖의 공간은 말 그대로 '공간'이다.

정상 우주론의 장점 중 하나는 그 명확성이다. 정상 우주론에 따르면 우주가 어떤 모습이 될 것인가를 확실하게 예측할 수 있다. 역설적으로 이러한 명확성 때문에 오히려 관측적인 반증을 찾아내는 것도 가능하다. 우주가 어떻게 될 것인가가 분명한 만큼 관측을 통해서 그렇지 않다는 것을 밝히는 것도 간단명료하다. 그리고 실제로 그러했다. 만일 우주가 일정하다면, 은하들이 형성되기 시작하거나 퀘이사(quasar)의 존재가 많아지는 것과 같은, 어떤 특별한 사건이 우주의 역사 속에 존재하지 않아야 한다. 전쟁 중 레이더를 연구하면서 '전파 천문학'이라는 새로운 분야가 생겨났다. 천문학자들은 전파를 이용해 전파원인 천체들, 즉 광학 영역보다는 전파 영역에서 더 우세하게 복사를 방출하는 천체들을 관측할 수 있었다. 천문학자들은 전파 망원경을 통해 강한 전파원인 매우 오래된 은하들을 관측했고, 오래된 은하들이 대폭발 이론이 예측하듯이 어떤 특정 시점에 우주에 등장했는지 아니면 정상 우주론에서 예측하듯이 항상 동일한 양으로 존재했는지 밝히고자 했다. 1950년대 이후, 과거의 우주는 오늘날의 모습과 매우 다르다는 것을 보여 주는 관측 결과들이 쌓이기 시작했다. 우주의 역사에서 강한 전파원인 은하들은 항상 일정한 양만큼 존재하지 않았다.

우리가 먼 천체에서 오는 빛을 관측할 때, 우리는 과거에 존재한 그들의 모습, 즉 빛이 그들을 떠난 시점의 모습을 본다. 그러므로 다른 거리에 있는, 본질적으로 유사한 천체를 관측함으로써 각각 다른 시간대의 모습을 관찰하는 것이 가능하다. 이러한 관측을 통해 우주의 모습이 시간에 따라 변한다는 것을 알게 되었다. 물론 관측 결과의 해석에 논란의 소지는 있다. 전파 천문학자들은 전파 은하들이 현재보다 과거에 더 많이 존재했다는 사실을 정상 우주론 주장자들에게 납득시키려고 노력했다. 그래서 활발한 논쟁이 일어났다. 대폭발 이론 대 정상 우주론의 논쟁이 일반인들에게 인상 깊게 남은 것은 바로 이때이다. 그 첫 장면은 1950년대 프레드 호일이 진행한 BBC의 인기 라디오 프로그램 「우주의 본성(The Nature of the Universe)」에서 시작되었다고 볼 수 있다. 여기서 그는 우주가 과거의 어떤 특정한 시점에 밀도가 높은 상태로부터 팽창하기 시작했다는 우주론을 조롱하려는 의도에서 '대폭발(big bang)'이라는 말을 만들었다.

이러한 복잡한 논쟁은 결국 1965년에 펜지어스와 윌슨이 우주 배경 복사를 발견함으로써 해결되었다. 정상 우주론에 따르면 이러한 열복사가 존재할 수 없다. 왜냐하면 정상 우주론에서 말하는 우주는 어떤 뜨겁고 높은 밀도의 과거를 경험한 바 없기 때문이다. 오히려 평균적으로 늘 차고 조용했다. 뿐만 아니라 그 후 우주 내에서 빛을 내는 천체들의 양을 관측한 결과는 대폭발 모형에서 예측한 것과 일치했고 그 천체들이 팽창의 최초 3분 동안 핵반응으로 생성되었다는 이론에도 부합했다. 정상 우주 모형으로는 천체들의 양에 대한 관측 결과를 설명할 수 없었다. 왜냐하면 정상 우주 모형에는 핵반응이 일어날 만한 높은 밀도와 높은 온도의 시기가 전혀 없기 때문이다.

이러한 두 가지 성공은 정상 우주론의 종말을 알리는 조종(弔鐘) 소리나 마찬가지였으며, 몇몇 지지자가 다양한 방법으로 수정했음에도 불구하고 더 이상 우주론 모형으로서의 역할을 하지 못했다. 그리하여 대폭발 모형은 우주의 관측 사실을 통합하는 데 성공했다. 그러나 우리는 대폭발 모형이 현재보다 과거에 우주가 더 뜨겁고 밀도가 컸다는 우주 팽창 모형을 의미하는 것 이상은 아니라는 것을 알아야 한다. 대폭발 이론에도 여러 종류의 우주론이 있다. 그러므로 앞으로 우주론 연구자들은 우주 팽창의 역사를 명확하게 정립해야 한다. 은하들은 어떻게 형성되었는지, 어째서 은하들은 그처럼 무리지어 있는지, 팽창은 왜 현재와 같은 속도로 일어나는지 등을 밝히고 우주의 모양과 그 안에 존재하는 물질과 빛의 균형에 대해서도 설명해야 한다.

3
특이점과 그 밖의 문제들

특이하다는 것은 거의 언제나 단서가 될 수 있지.
특색이 없고 평범할수록 범죄를 감지하기 어렵다네.
──『보스콤 계곡의 비밀(*The Boscombe Valley Mystery*)』

<u>우주가 팽창한다는 사실은</u> 과거에 무엇인가 격변이 있었다는 것을 의미한다. 우주 팽창을 역으로 생각해서 과거로 거슬러 올라가 보면 모든 물질이 한곳에 모여 있는 '시작점', 즉 우주의 모든 질량이 무한 밀도로 압축되어 있는 상태에 이르게 될 것이다. 이러한 상태를 '태초의 특이점'이라고 한다. 우주론의 역사를 되돌아보면 특이점의 존재에 대한 가설 및 그에 따른 부수적 효과들로 인해 현대 우주

론의 지식들이 형이상학적이고 신학적인 방면으로까지 확대되었음을 알 수 있다.

오늘날 관측된 우주 팽창률 및 팽창 감소율로 판단컨대, 태초의 특이점은 겨우 약 150억 년 전에 존재했을 것으로 추측된다. '겨우'라고 말한 이유는 이러한 시간 규모가 인간의 기준으로 보면 무척 길지만 또 다른 기준으로 보면 그렇게 긴 것은 아니기 때문이다. 공룡은 2억 3000만 년 전에 아르헨티나를 걸어다니고 있었으며, 지구에서 발견한 가장 오래된 세균 화석은 약 30억 년 전의 것이다. 그린란드에서 발견된 지구에서 가장 오래된 암석의 나이는 39억 년이고, 태양계의 탄생 당시 함께 생성된 것으로 보이는 운석의 연령은 약 46억 년이다. 이렇게 보면, 지구의 탄생으로부터(지구를 포함한 태양계의 구성원들은 모두 동시에 탄생한 것으로 알려져 있다.―옮긴이) 오늘날 우리가 있기까지 걸린 시간이 수수께끼의 특이점에서부터 현재까지 걸린 시간의 3분의 1 정도나 된다.

1930년대 초기에는 우주론 연구자 대부분이 우주 팽창이 무한 밀도를 가진 특이한 시작점의 존재를 시사한다는 것을 믿지 않았다. 오히려 질색을 할 정도였다. 당시 특이점의 존재에 대한 두 가지 반대 이론이 등장했다. 그 첫 번째는 압력에 관한 것이었다.

풍선을 작게 압축하다 보면 특정 시점부터는 풍선 안에 들어 있는 기체 분자의 압력 때문에 계속 압축할 수 없다. 기체 분자가 자유롭게 운동할 수 있는 공간이 감소함에 따라 분자들은 풍선 내벽을 더 강하게 때리게 되고, 따라서 내부 압력이 커지기 때문이다. 우주도 마찬가지다. 즉 우주에 존재하는 물질과 복사로 인해 생겨나는 압력이 우주가 0의 부피까지 압축되는 것을 방해한다. 그러므로 우주는 당구공들이 서로 부딪칠 때처럼 도로 튕겨 나온다. 또 다른 반대 이론은, 무한 밀도의 특이점이라는 개념이 우주가 모든 방향에서 같은 비율로 팽창한다는 것을 전제로 했을 경우에만 성립할 수 있다는 것이었다. 이러한 경우에 한해서만 팽창을 역으로 적용시켰을 때 모든 것이 동시에 한 점에 도달할 수 있다. 만일 팽창이 약간이라도 비대칭적이라면(당시에는 이것이 좀 더 현실성 있다고 보았다.) 팽창을 역으로 적용시켰을 때 물질은 파열되어 특이점을 형성하지 못할 것이다.

    그러나 이러한 반론들은 특이점의 존재를 부정하는 데 실패했다. 실제로는 압력을 고려했을 경우 특이점이 존재할 가능성은 더 커진다. 에너지와 질량이 동일하다는($E=mc^2$) 아인슈타인의 유명한 발견 때문이다. 압력은 에너지의 또 다른 형태이므로 질량과 동일하게 볼 수 있다. 그러므로 압력이 매우 커지면 중력이 생기므로 우리가 보통 생각하는 압력의 효과와는 반대 현상이 일어난다. 즉 압력이 커지면 수축이 방해를 받을 것이라는 일반적인 기대와는 달리, 압력이 매우 커지면 오히려 중력이 더 커진다. 결국 내부 압력의 증가로 수축이 방해를 받아 특이점이 생기지 않을 것이라는 주장은 물러날 수밖에 없었다. 그러한 주장은 특이점의 존재를 더 난해하게 만들었을 뿐이다. 또한 아인슈타인의 중력 이론은 두 번째의 반론도 해결해 주었다. 아인슈타인의 중력 이론을 다른 유형의 우주——방향에 따라 다른 비율로 팽창하는 우주, 혹은 지역에 따라 균질하지 않은 우주——에 적용했을 때도 특이점은 존재한다는 것이 판명되었다. 특이점이 대칭 우주 모형만의 산물은 아니었던 것이다. 특이점은 어떤 유형의 우주에나 존재하는 듯했다.

특이점의 존재에 대해 마지막으로 제기된 반론은 특이점의 불가사의를 더욱 가중시키는 결과를 낳았는데, 1965년이 되어서야 비로소 해명되었다. 그 반론의 내용을 이해하기 위해 우리에게 친숙한 상황을 예로 들어 보자. 지도를 작성할 때 어느 한 지점의 위치를 정확히 표시하기 위해 보통 위도와 경도를 사용한다. 위도와 경도가 표시된 지구본을 생각해 보자. 극 쪽으로 갈수록 경도선

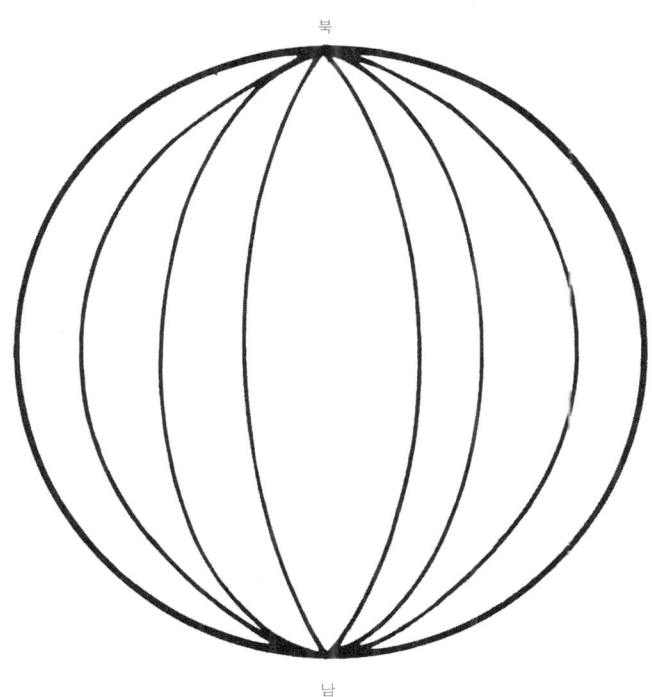

그림 3.1
지구 표면에 표시한 자오선들이 극에서 교차한다.

이 모이게 되고, 결국 북극과 남극에서는 모든 자오선(관측자의 머리 위를 지나고 천구의 북극과 남극을 지나는 가상적인 대원—옮긴이)이 한 점에서 교차한다 그림 3.1. 극에 좌표상의 특이점이 생긴 것이다. 그러나 실제의 지구 표면에서는 아무것도 달라진 것이 없다. 극에 좌표상의 특이점이 생겼다 해서 무슨 특별한 일이 일어나는 것은 아니다. 즉 인위적인 특이점이 발생한 것이다. 우리는 극에서 이러한 현상이 생기지 않는 다른 좌표계를 선택할 수도 있다. 이렇게 볼 때 우주 팽창의 시작점에 존재했다는 특이점이 먼 과거로 거슬러 올라가는 **방법**을 잘못 택함으로써 생긴 인위적 결과가 아니라고 어떻게 확신할 수 있는가? 결국 특이점이라는 것은 잘못된 방법론 때문에 유도된 인위적인 결과일 수도 있다는 것이 마지막 반론의 요지였다.

이러한 반론을 해결하기 위해 우주론 연구자들은 특이점을 어떻게 정의할 것인가 하는 문제를 더욱 신중하게 생각해야만 했다. 이제 우주의 전 역사—모든 시간과 공간—를 우리 앞에 펼쳐져 있는 한 장의 종이로 생각하고, 밀도와 온도가 무한히 커지는 특이점은 종이 위의 어느 특정 위치에 존재한다고 해 보자. 그다음에 비정상적인 부분을 잘라 내어 특이점이 없는 구멍 뚫린 종이를 만들었다고 가정해 보자. 이것을 특이점이 없는 또 다른 종류의 우주라고 생각할 수도 있다. 그러나 이런 식으로 생각하는 것은 무슨 속임수 같은 느낌이 든다. 이러한 우주는 어떤 의미에서는 특이점이 존재한다고도 할 수 있지 않을까? 그러므로 특이점이 영원히 존재하지 않는 우주를 찾으려면 이처럼 인위적인 방법으로 특이점을 제거하는 것이 아닌, 어떤 다른 과정을 거쳐야만 하지 않을까? 그러한 과정을 어떻게 알 수 있을까?

이와 같은 딜레마에 대한 해답은 전통적인 특이점의 개념, 즉 무한 밀도와 무한 온도를 가진 장소라는 개념을 버리는 것이다. 그 대신 특이점을 시간과 공간 속을 이동하는 빛이 완전히 멈추고 더 이상 나아갈 수 없는 경우로 정의한다. 이것이야말로 『이상한 나라의 앨리스』보다도 더 특이한 이야기가 아닐 수 없다. 그 진행 경로의 끝에서 빛은 시간과 공간의 경계에 도달한다. 그리고 우주에서 '사라진다'. 이러한 방법으로 특이점을 정의하면 다음과 같은 편리한 점이 있다. 밀도가 어떤 곳에서 무한히 커지면 시간과 공간이 파괴되기 때문에 빛의 진행은 거기에서 멈추어 버린다. 그곳이 특이점이 된다. 만일 이러한 곳을 우주에서 제거해 버리면,(앞에서 이야기한 구멍 뚫린 종이의 경우에 해당한다.) 빛은 구멍 주변까지 진행한 다음

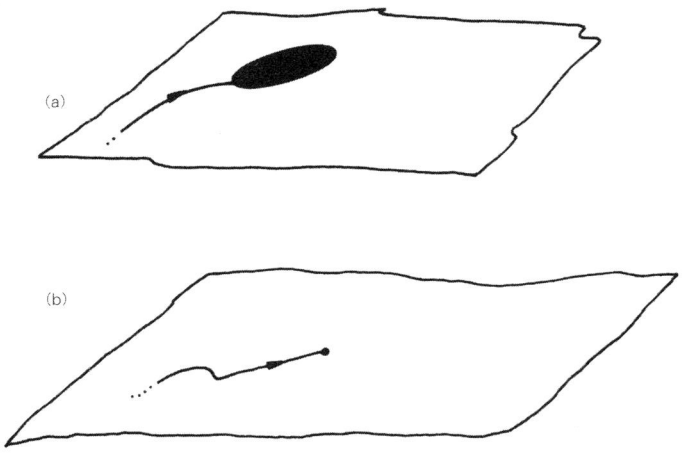

그림 3.2
두 장의 종이는 빛이 멈추는 시공간 영역이 있는 우주를 나타낸다. (a) 우주에 구멍이 뚫려 있고 빛이 그 경계에서 멈춘다. (b) 빛이 공간과 시간이 파괴된 특이점에서 멈춘다.

멈추게 될 것이다. 이 경우 빛이 멈춘 곳이 바로 특이점이다 그림 3.2.

이처럼 특이점을 우주의 경계로 생각하는 것은 매우 유용하다. 이렇게 생각하면 우주의 모양과 압력, 좌표계 설정에 따른 애매함 등의 문제를 피해 갈 수 있다. 그리고 이러한 방법으로 특이점을 정의하면 팽창하는 대폭발 우주에 대해 우리가 직관적으로 생각해 온 것처럼 밀도와 온도의 극치에서 특이점이 생기는 것도 잘 설명할 수 있다. 그러나 밀도와 온도의 극치라는 조건이 특이점의 존재에 늘 필요한 것은 아니다.

우주의 시작에 관한 일반적인 관념을 바꾸어 놓는 또 다른 예가 있다. 그중 하나는, 우주의 모든 영역이 같은 시간에 시작되었을 필요는 없다는 것이다. 시간 속을 진행해 온 경로가 각각 다른 빛은 그 시작점을 추적해 보면 당연히 각각 다를 것이다. 그러므로 특이점에서 팽창이 살짝 일찍 시작된 지역은 오늘날 우주에서 다른 곳보다 상대적으로 밀도가 낮을 것이다. 그것은 밀도가 높은 곳에 비해 오래 팽창해 왔기 때문이라고 볼 수 있다.

1960년대 중반에 펜지어스와 윌슨이 우주 배경 복사를 발견하면서 대폭발 모형은 다시 진지하게 논의되기 시작했고, 우주론 연구자들은 우주가 특이한 시작점을 가지고 있는가 아닌가 하는 문제에 초점을 맞추게 되었다. 우주의 시작을 '시간과 공간을 역행할 때 더 이상 진행할 수 없는 지점'으로 정의한다면 연구의 초점은 우리 우주가 과거에 이러한 종류의 특이점, 즉 시간의 시작점을 가지고 있는가 아닌가를 밝히는 일이 될 것이다. 로저 펜로즈는 천문학자들이 전에 시도하지 않았던 기하학적 방법으로 이러한 의

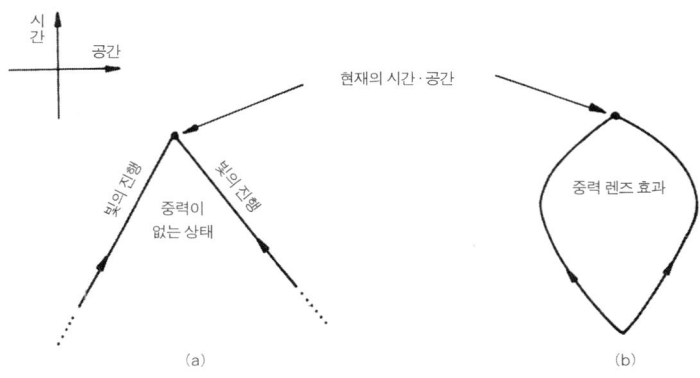

그림 3.3
(a) 중력이 없는 경우 빛이 시공간을 통과하는 경로. (b) 중력이 있는 경우 직진하는 빛의 경로가 휜다. 우주 내의 물질이 충분히 존재한다면 빛은 과거의 한 특이점으로 수렴할 것이다.

문들을 해결했다. 펜로즈는 순수 수학과 (특히 뛰어난) 기하학 지식을 이용해 빛이 어떻게 진행하는지, 그리고 빛이 과거로 영원히 진행할 수 있는지 없는지에 관한 문제를 해결했다. 이것은 매우 새롭고 효과적인 방법이었다. 후에 그는 호킹과 그 외 다른 사람들(그중에는 물리학자인 로버트 게로치(Robert Geroch)와 조지 엘리스(George Ellis)도 있었다.)과 공동 연구를 했다.

펜로즈는 우주 내의 물질이 만드는 중력이 언제 어디서나 인력으로 작용한다면, 그리고 우주 내에 물질들이 충분히 존재하기만 한다면 빛은 중력 때문에 과거로 무한히 진행하지 못하게 됨을 증명했다.

빛의 일부(아마도 전부일 것이다.)는 완전히 진행을 멈추게 될 것이고, 바로 그곳이 우리가 대폭발 모형에서 직관적으로 정의한 것과 같은 특이점이 될 것이다 그림 3.3. 이러한 수학적 추론의 아름다움은 좌표 설정과 특수한 대칭성과 관련된 모든 불확실성을 배제한 데에 있다. 이와 같은 방법을 이용하는 데에는 우주의 구조에 대해서 자세히 알아야 할 필요도 없고, 심지어 중력의 법칙조차 알 필요가 없다. 이런 수학적 추론은 이론(theory)이 아닌 '**공리(theorem)**'들에서 나왔다. 여기서는 우주의 본질에 대해 특별한 가정들을 세우고 있는데, 만일 그 가정들이 사실이라면 수학적 논리만으로 과거 특이점의 존재를 밝혀낼 수 있다. 또 만일 그 가정들이 우주에서 성립되지 않는다고 해도 특이점이 존재하지 않는다고 단언할 수는 없다. 그 경우 우리는 시작점에 관해 아무런 결론도 내릴 수 없기 때문이다. 그저 그 '공리'들이 우리 우주에 적용되지 않는다는 것을 알 뿐이다.

두 개의 가정 — 중력은 언제 어디서나 인력으로 작용한다는 것과 우주에는 충분한 양의 물질이 존재한다는 것 ─ 은 비록 수학적 표현이지만, 관측적으로도 확인할 수 있다는 점에서 매력적이다. 가정이 요구하는 우주 내에 존재하는 물질의 양은 우주배경복사를 통해 발견된 것만으로도 충분하다. 그러므로 남은 것은 중력이 언제 어디서나 인력으로 작용한다는 것뿐이었다. 1960년대에 이르러 이것은 매우 합리적인 가정으로 판명되었다. 그 가정에 위배되는 관측적 증거도 전혀 없었다. 물질이 고밀도가 되면 반중력적인 효과가 나타난다고 예측하고 설명할 수 있는 납득할 만한 이론도 없었기 때문이다. 우리 주변에서 중력이 인력으로 작용하는 것은 물질이 양(+)의 질량, 그리고 양(+)의 밀도를 가짐으로써 생겨난 결과이다. 한편 물질이 매우 큰 밀도로 압축되거나 빛의 속도에 가까운 속도로 움직일 때에는 아인슈타인의 $E=mc^2$라는 식을 적용해서 생각해야 한다. 에너지 E는 어떤 형태이든지 등가의 질량 m을 갖는다. 그러므로 에너지 E는 다른 물질들이 가진 중력의 영향을 받는다. 이미 본 바와 같이 압력은 에너지의 한 형태이며(예를 들면 기체 분자의 운동 에너지로 인해 발생하는 기체압) 역시 중력의 영향을 받는다. 운동하는 입자들은 공간이 3차원이므로 3차원적으로 압력을 형성하게 되는데, 이를 고려하면 중력이 인력으로 작용하게 될 조건은 다음과 같다.

$$D = d + 3P/c^2 > 0.$$

여기서 d는 밀도, P는 압력, c는 빛의 속도이다. 밀도에다가 압력에 3을 곱하고 빛의 속도의 제곱으로 나눈 양을 더한 값이 양(+)일 경우 중력은 인력으로 작용한다. 이것은 우주 내의 물질이 어떤 형태(복사·원자·분자·별·암석 등)를 이루고 있더라도 성립한다. 그렇기 때문에 우주가 시간의 시작점을 가지고 있다는 생각은 1960년대 후반과 1970년대의 대부분을 통틀어 가장 폭넓게 공인받는 개념이 되었다. 수리 우주론 연구자들은 특이점으로의 근접을 이해하고 복잡한 특이점 근처에서 물질들이 어떻게 될 것인가를 밝히기 위해 노력했다.

시간의 시작에 관해 이러한 방식으로 추론하면 흥미로운 부수적 성과가 따른다. 그것은 대함몰로의 수축과 새로운 팽창을 반복하는 진동 우주에 대한 고전적 사고 방식을 타파한다는 것이다. 우주의 역사를 거슬러 특이점에 이르면 더 이상 '그 전'은 존재하지 않는다. 우주의 역사를 이전의 수축 상태로 거슬러 올라갈 방법은 없기 때문이다. 이제 그와 같은 생각은 공상 과학에서나 가능하게 되었다.

우주가 무한 밀도와 무한 온도 상태인 특이점으로부터 시작되었다고 하면, 우리의 우주론은 수많은 문제점에 직면하게 된다. 시작 당시 우주의 유형을 결정한 요인은 '무엇'인가? 시간과 공간이 특이점 이전에는 존재하지 않았다면 중력의 법칙이나 논리, 혹은 수학적 원리 등에 대해서는 어떻게 설명하면 좋을까? 그런 것들은 특이점 이전에도 존재했을까? 만일 그렇다면 —그리고 특이점 자체에도 수학이나 논리를 적용할 수 있다면— 물질 우주의 범주를 넘어서는 거대한 합리적(수학적·논리적) 원리가 존재함을 인정해야만 한다. 뿐만 아니라 우주의 현재를 이해하기 위해 매우 어려운 문제를 풀어야만 하는데, 그것은 바로 특이점을 이해하는 일이다. 특이점은 독특하고 유일한 사건이다. 어떻게 하면 그것을 과학적으로 다룰 수 있을까?

처음에 우주론 연구자들은 우리가 앞에서 이미 이야기한 두 가지의 연구 전략을 수립했다. 특이점이 어떤 상태인가를 완벽하게 설명할 원리를 찾거나 혹은 그것이 문제가 되지 않는다는 것 —우주의 시작과 오늘날의 상태는 관련 없다는 것— 을 보이는 것이었다.

    지금까지 우리는 우주론 연구자들이 우주에 관해 발견한 것들 중 일부와 그들이 해결하고자 했던 문제들 중 일부만을 조명해 왔다. 만일 우주의 현재 상태에 관해 무엇인가를 설명하고자 한다면——예컨대 은하는 왜 현재와 같은 모양과 크기를 갖게 되었는가 등등——시간을 거슬러 올라가서 물질이 초고밀도와 초고온에서 어떻게 행동하는가에 대한 기존의 지식들을 활용해 우주의 과거사를 재구성해야만 한다. 또한 우리의 추론들 중 우주에 남아 있는 과거의 증거들에 부합하지 않는 것들을 재고해야 할 것이다. 유감스럽게도 그것은 그렇게 단순한 일이 아니다. 우주는 매우 효율적으로 진화해 왔고, 그래서인지 먼 과거의 잔해는 거의 남아 있지 않다. 그러나 더 근본적인 문제는 물질이 극단적인 밀도와 온도에서 어떻게 될지를 모른다는 것이다. 지구상에서의 실험은 용량이나 동력의 한계뿐만 아니라 여러 가지 경제적 여건의 한계 때문에, 우주 팽창이 시작되고 난 후 처음 100분의 1초 동안 일어났던 것과 같은 상황을 완벽하게 재현할 수가 없다.

    이러한 현실은 매우 흥미로운 상황을 연출했다. 우주론 연구자들은 입자 물리학자들이 극심한 고온 상태에서 물질이 어떻게 되는가를 설명하는 것에 주목해 왔다. 그에 힘입어 우주의 과거사를 좀 더 시작점에 근접해 재구성할 수 있었다. 그러나 입자 물리학자들은 지구상의 자원과 여건 문제 때문에 이러한 실험을 계속할 수가 없게 되었다. 지구의 입자 가속기들은 대폭발의 에너지와 같은 에너지를 재생산할 수 없었고, 또 지구의 검출기로는 극히 희박한 물질의 기본 입자들을 검출할 수가 없었다. 그래서 입자 물리학자들은 그들의 이론을 입증할 방법의 일환으로 우주의 초기 상황을 주목하게 되었다. 만일 입자 물리학의 어느 최신 이론이 별들, 혹은 은하들이 존재할 수 없다는 결론을 도출한다면, 그 이론을 제외하는 것이 바람직할 것이다. 그러나 우주 역사의 처음 1초간의 상황을 묘사하기 위해서는 부분적으로만 검증된(심지어 검증을 거치지 않은) 물리학 이론을 활용하기도 하므로, 매우 세심한 주의가 필요하다.

독자들은 이제 대폭발 이후의 처음 1초간이 우주적 분기점의 역할을 했음을 잘 알게 되었을 것이다. 그 시간 이후에 우주의 온도는 지구에서 적용되는 물리학이 적용되고 실험을 통해 확인할 수 있을 만큼 충분히 내려갔다고 생각된다. 그러나 처음 1초 동안 일어난 우주적 과정들, 즉 기본 입자들 및 물리적 과정들을 완벽하게 재현할 수 없기 때문에 우주의 역사를 재구성하는 것은 불확실할 수밖에 없다. 또한 처음 1초는 초기 우주의 상황이 우주 내의 헬륨 양을 결정했던 시기이기도 한다. 우주 내 헬륨의 양은 당시의 우주 팽창 방식을 알 수 있는 직접적인 단서가 된다.

그러나 이것이 우주가 탄생한 지 1초 지난 뒤에 일어난 모든 사건을 이해하게 되었다는 의미는 아니다. 우리는 그 기간 동안 우주 내의 존재들을 지배한 일반적인 물리학 원리나 법칙을 어느 정도 이해하고 있지만, 당시에 있었던 훨씬 더 복잡하고 아직까지 자세히 재구성하지 못한 일련의 사건들——특히 은하의 형성과 연관된 여러 문제들——에 대해서는 아직 정확하게 아는 바가 없다. 이것은 우리의 기상학 지식과 비슷하다. 우리는 기상 변화를 일으키는 물리학 원리들을 알고 있고, 지나간 기상학적 변화들을 설명할 수 있다. 그러나 우리는 내일의 날씨조차도 완벽하게 **예보**하지 못한다. 왜냐하면 현재의 기상 상태를 결정하는 수많은 요인들의 복잡하고도 세밀한 상호 작용들 때문이다. 현재의 상태를 완벽하게 이해할 수 없기 때문에 미래에 대한 예보는 한계가 있다.

1970년대 후반에 들어와서 물질의 기본 입자에 대한 연구가 관측과 우주론을 연결하는 역할을 했다. 원자보다 작은 새로운 입자들의 존재가 천문학적 관측을 통해 밝혀지는 일이 벌어졌다. 보통 그러한 입자들은 입자 충돌 실험으로 밝혀내기에는 너무 약한 상호 작용을 하는 입자들이었다. 이러한 방식으로 학자들은 천문학적 관측 결과를 다종다양한 기본 입자의 존재 여부를 결정하는 데 증거로 사용했다.

우주론과 입자 물리학 간의 공생적 관계를 보여 주는 좋은 예는 제네바의 유럽 핵물리학 연구소(CERN)에서 제공한 정밀 실험 결과와 우주 역사의 처음 몇 분 동안 일어났던 핵반응에 관한 이론들 간의 상호 보완성이다. 이러한 상호 보완은 '중성미자(neutrino, 뉴트리노)'라는 기본 입자에 얼마나 다양한 종류가 있을 수 있는가 하는 문제를 둘러싸고 일어났다. 중성미자는 다른 형태의 물질들과 매우 약한 상호 작용을 하기 때문에 유령 같은 입자로 알려져 왔다. 실제로 많은 중성미자가 지금 이 순간에도 우리의 몸을 통과하고 있다. 두 종류의 중성미자——전자 중성미자와 뮤온(muon) 중성미자——는 물리학자들에게 오래전부터 알려져 있었다. 둘 다 무수한 가속기 실험을 통해서 직접적으로 검출되었다. 세 번째 종류인 타우(tau) 중성미자는 다른 입자들의 붕괴를 통해서 간접적으로만 그 존재가 인식되고 있었다. 직접적으로 검출할 만큼 타우 중성미자를 생성하려면 너무 많은 에너지가 필요하다. 과연 타우 중성미자의 존재를 확인할 수 있을까? 또한 우리가 아직 모르는 또 다른 유형의 중성미자가 존재할 것인가?

먼저, 우주론을 바탕으로 천문학적 관측을 이용해 중성미자의 종류를 결정하는 방식을 알아보자. 그리고 그 결과를 직접 측정한 CERN의 최신 결과와 비교해 보자.

1970년대 이후 우주론 연구자들은 중성미자는 단 세 종류뿐이라고 가정했으며, 우주 초기 구조에 대한 모형을 만들 때 그 가정을 사용해 왔다. 자연 상태에 중성미자가 몇 종류나 있는가 하는 것은, 초기 우주에서 복사와 물질의 전체 밀도를 결정하고, 그에 따라 우주가 얼마나 빨리 팽창하는가를 결정하기 때문에 매우 중요하다. 우주론 연구자들은 이런 정보를 이용해 우주 탄생 후 1초부터 1,000초까지 일어난 과정들을 탐구했다. 그때, 팽창하는 우주는 중성자와 양성자가 핵반응을 해 가벼운 원소들을 만들 수 있을 만큼 충분히 뜨거웠다. 그보다 더 초기에는 온도가 더 높아서 한 개의 양성자로 이루어진 수소보다 무거운 원소는 형성되는 즉시 파괴되었다. (우주가 10^{-6}초 이전이었을 때는 수소 핵도 파괴되었다.) 그래서 처음 10초 동안에는 가벼운 원소들이 천천히 만들어졌다. 원소 형성의 절정은 100초 후였다. 이후 온도와 밀도가 떨어짐에 따라 원소 형성 반응은 급격히 차단되고 1,000초 지난 후에는 모든 과정이 종결되었다.

 핵반응으로 생겨난 생산물들을 예측하기 위해서는 양성자와 중성자의 상대적인 개수를 알아야 한다. 이 개수를 알아야 그들로부터 생겨난 원자핵들, 예를 들면 수소의 동위 원소인 중수소(양성자 1개, 중성자 1개), 헬륨의 두 가지 동위 원소 헬륨-3(양성자 2개, 중성자 1개)과 헬륨-4(양성자 2개, 중성자 2개), 리튬(양성자 3개, 중성자 4개) 등의 최종량을 알 수 있기 때문이다.

 우주가 탄생한 지 1초가 되기 전에는 양성자와 중성자의 개수가 같았다. 이른바 약한 상호 작용 때문인데 한쪽을 다른 한쪽으로 전환시켜 개수의 균형을 유지하게 했다. 그러나 우주 탄생 후 1초가 지났을 때 이러한 약한 상호 작용으로 양성자·중성자의 균형을 유지하기에는 팽창률이 너무 커졌다. 그리하여 양성자가 중성자로 전환되는 것이 그 반대의 과정보다 점점 더 어려워졌다. 왜냐하면 중성자는 양성자보다 약간 무겁고, 따라서 그것을 생성하는 데 더 많은 에너지가 필요했기 때문이다. 약한 상호 작용이 중지되었을 때 양성자와 중성자의 상대적인 비율이 결정되었다. 그 비율

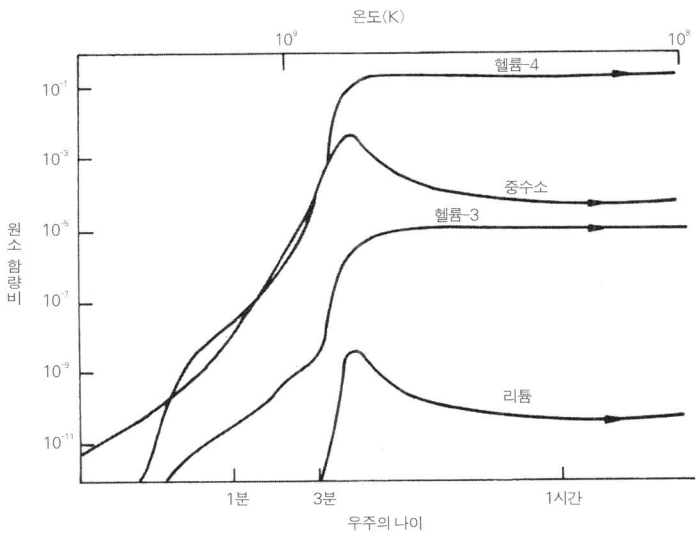

그림 3.4
우주의 역사에서 최초의 3분 동안 양성자와 중성자로부터 가벼운 원소들이 생성되는 과정을 나타낸 그래프. 핵반응은 온도가 절대 온도 1억 도(K) 이하로 떨어졌을 때 빠르게 진행되었다. 이 핵반응은 우주가 팽창함에 따라 물질의 온도와 밀도가 빠르게 줄어들자 중단되었다.

은 7:1이었다. 약 100초를 전후해서 이러한 중성자와 양성자를 중수소, 헬륨, 리튬의 원자핵으로 결합하는 핵반응이 시작되었다. 전체 물질의 약 23퍼센트가 헬륨-4로 변했다. 그리고 거의 대부

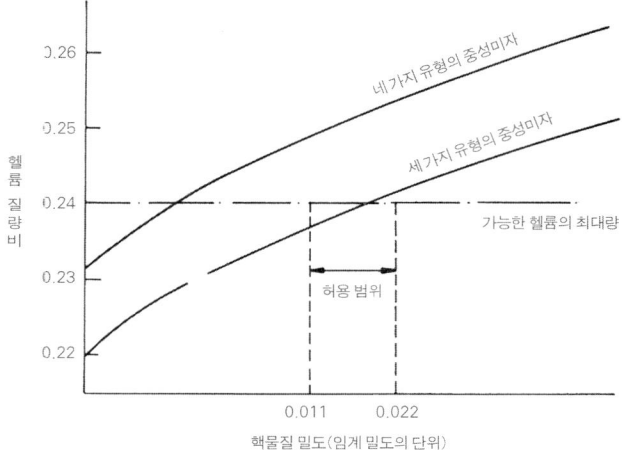

그림 3.5
이 그래프는 '닫힌' 우주에서 임계 밀도 단위로 표시된 핵물질 밀도에 따라 우주 초기에 생성되는 헬륨-4의 양이 어떻게 달라지는지를 나타낸 것이다. 중성미자가 세 가지 있을 때와 네 가지 있을 때 어떻게 달라지는지 보여 준다. 관측된 헬륨-4의 질량비는 0.22~0.24이다. 물질 밀도가 임계 밀도 단위로 0.011~0.022일 때 헬륨-3, 중수소, 리튬-7의 양은 관측과 일치한다. 이러한 밀도 범위는 오늘날 별이나 은하를 이루는 물질 밀도의 관측값과 일치한다. 그러나 네 가지 유형의 중성미자가 있다고 했을 때 예측된 헬륨의 양은 허용된 최댓값(0.24)보다 많다. 그러므로 중성미자가 세 가지 유형일 때에만 관측과 예측이 일치한다. 이 경우 예측된 헬륨의 질량비는 0.235~0.240이다.

분이 수소로서 남았고 10만분의 몇 정도만이 헬륨-3이나 중수소로, 10억분의 몇 정도만이 리튬이 되었다 그림 3.4.

오늘날 우주 내의 헬륨, 중수소, 리튬에 대한 관측 결과는 우주에 존재하는 이 원소들의 양이 앞의 비율과 일치함을 확인해 주었다. 이러한 일치는 자연 상태에는 단 세 종류의 중성미자밖에 없다는 가정을 명백하게 해 준 셈이다. 만일 네 종류였다면 초기 우주의 팽창률은 더 증가했을 것이고, 약한 상호 작용이 중지되었을 때 양성자에 비해 더 많은 양의 중성자가 남았을 것이다. 따라서 초기 우주에 형성된 헬륨의 최종량도 증가했을 것이다. 관측 결과와 그에 따른 불확실성을 설명하기 위한 매우 자세한 연구가 뒤이어 수행되었다. 우주론 연구자들은 우리가 알고 있는 세 종류 외에 또 다른 중성미자는 있을 수 없다고 선언했다 그림 3.5.

CERN의 실험 결과는 이러한 예측을 확인해 주었다. 그들은 Z 입자라고 부르는 수명이 짧은 입자를 매우 많이 생산했다. 그 입자는 양성자보다 92배 무겁고 중성미자와 여타의 가벼운 입자들로 빠르게 붕괴된다. 중성미자의 종류가 더 있다면 Z 입자가 더 많이, 더 빨리 붕괴될 것이다. CERN의 실험은 많은 수의 Z 입자 붕괴를 추적해 Z 입자가 붕괴되는 과정에서 몇 종류의 중성미자가 튀어나오는지를 알아보는 것이었다. 결과는 실험 오차를 감안해 2.98±0.05였다. 중성미자는 세 종류뿐이었던 것이다.

이것은 입자 물리학과 우주론이 서로 어떻게 보완하는가, 그리고 그렇게 함으로써 우주 전체에 대한 이해를 얼마나 강화할 수 있는가를 보여 주는 좋은 예이다. 가벼운 핵 원소들의 양을 올바르게 예측할 수 있었던 것은 대폭발 모형이 거둔 큰 성공이었다. 그 예측에 따르면 우주 탄생 후 1초가 지났을 때 우주의 구조에 작은 변화가 있었는데, 이것이 우주의 상태를 결정하는 데 큰 영향을 미쳤다. 만일 그때 우주가 각 방향마다 다른 비율로 팽창했거나 강한 자기장을 포함하고 있었다면 팽창률은 증가했을 것이고, 헬륨의 양은 현재 측정된 것보다 많았을 것이다. 우주 공간의 가벼운 핵 원소들에 대한 관측을 통해 우리는 우주 배경 복사를 관측할 때보다 더 먼 과거까지 추적할 수 있었다. 그러한 관측은 우주가 팽창을 시작한 지 1초 지난 후 어떤 모습이었는지를 탐사할 수 있는 가장 강력한 수단이 되었다.

 한편 대폭발 모형의 일반적 특징인 원시 핵반응에 대한 연구에는 또 다른 중요한 특징이 있다. 초기 우주에서 생성된 원소의 양을 계산하는 데는 우주가 시작될 때 어떠한 모습이었는가에 대한 정보가 필요하지 않다는 것이다. 양성자와 중성자의 상대적인 양은 그들 간의 약한 상호 작용이 중지되었을 때 우주의 온도에 따라 결정된다. 이것이 바로 대폭발 우주의 놀라운 특징이다. 초기 우주가 고온의 평형 상태였다는 것은, 물질과 복사의 여러 입자들의 상대적인 양을 정확하게 결정하는 요인이 온도라는 것을 의미한다. 이러한 사실은 1951년이 되어서야 완전하게 정립되었다. 그 전에는 많은 우주론 연구자들이 우주 초기의 원소들의 상대적인 양은 우주가 시작될 당시 존재했던 양성자와 중성자의 상대적인 양에 의존할 것이라고 생각했다. 물론 그것은 사실이 아니었다. 우주 탄생 1초가 지나기 전에는 양성자와 중성자의 수는 똑같았다. 때로는 그럴 리 없다고 믿었던 것이 바로 사실이 되기도 한다.

4
급팽창과 입자 물리학

사소한 것들이 항상 가장 중요하다는 것이 나의 좌우명이네.

『신랑의 정체(*A Case of Identity*)』

우주론은 1970년대 중반에 들어 새로운 방향으로 접어들었다. 1973년에 입자 물리학자들은 극단적인 조건에서 물질이 어떻게 움직이는지를 설명하는 성공적인 이론을 내놓았다. 그 전까지는 에너지와 온도가 증가하면 물질의 상호 작용은 더욱 강력해지고 복잡해질 것이라고 생각했다. 그러므로 대폭발 이후 처음 1초까지의 상황에 대한 관심은 그다지 크지 않았다. 해결의 실마리가 보이는 문제들이 우선이었다. 그러나 고에너지 상태에서 입자들의 상호 작용을 설명하는 이론이 등장하자 상황은 바뀌었다. 이 이론으로 입자들 간의 상호 작용은 온도와 에너지가 증가할수록 더 약해지고 단순해진다는 것이 밝혀졌다. 에너지가 무한히 증가하면 입자들은 전혀 상호 작용을 하지 않는 상태로 무한히 접근해 간다는 것이다. 이러한 특성을 '점근적 자유(asymptotic freedom)'라고 부른다.

물질의 기본 입자를 연구하는 물리학자들은 이미 오래전부터 자연계의 네 가지 기본적인 힘 —— 중력, 전자기력, 강한 핵력, 약한 핵력 —— 을 하나의 이론으로 통일할 수 있는 방법을 연구해 왔다. 1967년에 약한 핵력(특정한 방사성 활동이 일어날 때 작용하는 힘)과 전자기력을 통합할 수 있는 이론이 가장 먼저 대두되었다. 1983년, 이 이론은 CERN의 실험에서 '약전기력 이론(electroweak theory)'이 예측했던 두 가지 종류의 새로운 기본 입자들을 발견하면서 타당성을 얻었다. 이제 연구의 초점은 강한 핵력(양성자와 중성자 같은 핵자들을 상호 결속시키는 힘)을 통합해, 중력을 제외한 '통일장 이론(grand unified theory)'을 정립하는 것으로 모였다.

처음에는 이러한 통합 시도가 어리석게 보였다. 자연계의 기본 힘들은 그 세기의 범주가 매우 다르고 각각 다른 범주의 입자에 작용한다는 것을 알고 있었기 때문이다. 이처럼 본질적으로 다른 힘들이 어떻게 같아질 수 있을까? 그 해답은 자연계에 존재하는 힘들이 주변 온도에 따라 그 세기가 달라진다는 데에 있다. 따라서 우리 주변의 일상 환경과 같이 낮은 에너지 상태에서는 서로 다른 형태의 힘일지라도 높은 온도 조건이 되면 서서히 변화를 일으킨다. 이론상의 예측에 따르면 강한 핵력과 '약전기력'은 매우 높은 온도인 약 10^{15}기가전자볼트(GeV) ─ 이는 절대 온도 10^{28}도에 해당한다. ─ 에서는 세기가 거의 같아진다. 이러한 에너지는 지구상에서 입자 충돌로 생성될 수 있는 범주를 훨씬 넘어서는 것이며, 대폭발 이후 1초도 채 지나지 않은 시기(10^{-35}초 지난 후)의 초기 우주 상태와 같은 에너지이다. 그러므로 통일장 이론이 물리적 의미가 있는지 없는지는 우주론적 탐구를 통해서만 알아낼 수 있다. 뿐만 아니라 기본 입자에 대한 이와 같은 새로운 예측이 그동안 설명하지 못했던 우주의 특성들을 밝혀 줄 수 있을지도 모른다.

이렇게 통일장 이론은 온도에 따라 힘의 세기가 변한다는 사실을 밝힘으로써 서로 다른 힘을 통합하는 문제를 해결했다 그림 4.1. 이제 해결해야 할 또 다른 문제는 각 힘들이 각각 다른 기본 입자들에 작용한다는 사실이었다. 힘들을 완전하게 통합하기 위해서는 이 입자들의 상호 변환이 가능해야 하며, 이것은 매우 큰 질량을

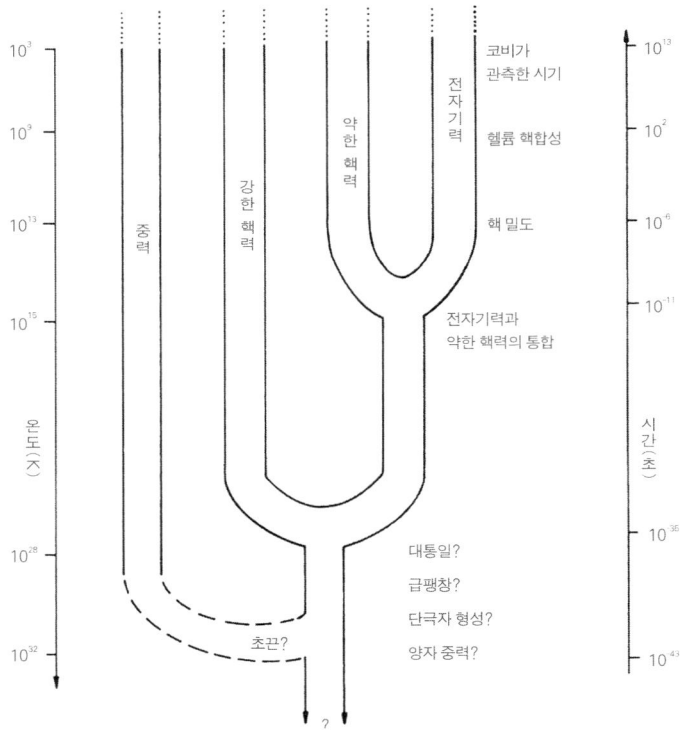

그림 4.1
처음 100만 년 동안 진행된 우주의 열적 역사. 과거로 거슬러 올라감에 따라 온도는 증가하고, 온도가 증가함에 따라 힘의 영향력도 변해 힘의 통일이 일어날 것으로 기대된다. 자연계의 기본 힘이 하나로 통일되는 것이다.

가진 매개체의 존재를 시사한다. 이 매개체는 입자 충돌로 생성되었을 것이며, 이 매개체의 질량이 매우 크다는 것은 입자 충돌로 인한 생성 당시 우주의 온도가 매우 높았음을 뜻한다. 이러한 맥락에서 두 종류의 무거운 입자의 존재가 새로 예측되었다. 그 첫 번째는 X 입자라 불리는 것으로서, 지금까지 알려진 어떤 입자와도 다른, 물질을 반물질로 변화시킬 수 있는 '신의 선물'이라고 할 만한 것이다. 통일장 이론에서는 이런 특징을 이용해 호기심의 대상이 되어 온 우주의 불균형성을 설명할 수 있다.

자연계에 존재하는 모든 종류의 기본 입자들은 광자(photon)를 제외하고는 모두 그 자신과 반대의 값을 가지는 반입자를 가지고 있다. 이것은 마치 자석의 N극과 S극이 존재하는 것과 비슷하다. 입자 물리학에서는 실험을 통해 이러한 입자와 반입자를 생성할 수 있다. 그러나 우주 공간을 관측하거나 우주선(cosmic ray)을 조사했지만, 물질이 존재한다는 증거는 찾을 수 있어도, 반입자들로 이루어진 반물질에 대한 증거는 찾을 수 없었다. 오늘날 우주는 물질이 우세하게 분포하는 것으로 보이는데, 그렇다면 우주 시작 당시에도 그랬다는 결론을 내릴 수 있다. 왜냐하면 반물질을 물질로 바꿀 방법은 없기 때문이다. 다시 말해서 우주 시작 당시에 물질과 반물질의 비대칭성이 있어야만 오늘날의 불균형을 설명할 수 있다. 그러나 오늘날의 불균형이 초기의 비대칭성 때문이라는 설명은 실제적인 설명이 되지 못한다. 우리가 상상할 수 있는 가장 '자연스러운' 초기 상태는 아마도 물질과 반물질이 동일한 양으로 존재할 때이기 때문이다. 이러한 상태로부터 오늘날 관측되는 불균형 상태로의 전환은 설명하기가 쉽지 않다. 통일장 이론에서 말하는 X 입자의 존재가 바로 이러한 문제를 해결할 실마리가 된다. X 입자는 강한 핵력과 약전기력의 통일을 매개하는 과정의 부산물로서 물질을 반물질로 변화시킨다. 그런데 X 입자와 그 반입자가 같은 비율로 붕괴하지는 않는다. 따라서 우주의 처음 순간 물질과 반물질 사이에 완벽한 균형을 이루고 있던 초기 상태(X 입자와 반X 입자의 수가 같은 상태)는 이들의 붕괴로 인해 불균형 상태로 변화하게 된다.

물질과 반물질의 불균형이라는 관측 결과에 대한 이와 같은 해석은 1977년부터 1980년까지 입자 물리학자들 사이에서 초기 우주 연구에 관한 큰 관심을 불러일으켰다. 그러나 동시에 X 입자의 효과에만 골몰하던 학자들에게는 나쁜 소식이라고 할 수 있는 또 다른 문제점이 제기되었다. X 입자가 우주의 처음 순간에, 우주 전체에 걸쳐 생성된 두 종류의 입자 중 하나였다는 사실을 기억하자. X 입자는 오늘날 원자 내에 존재하는 쿼크(quark)와 전자로 즉시 붕괴되어 버렸다. 그렇다면 두 번째 입자는 어떻게 된 것일까? 쓸모없으므로 어디론가 사라진 것일까?

이러한 쓸모없는 입자를 '자기 단극자(magnetic monopole)'라고 하는데, 어떠한 통일장 이론에 따르더라도 우리 우주처럼 전기력과 자기력을 포함하는 우주가 생기려면 존재했어야 하는 입자이다. 우리가 이론을 수정한다 해도 이 전기력과 자기력의 상관 관계 때문에 이러한 입자의 존재를 부인할 수 없다. 그러나 자기 단극자가 초기 우주에서 생성된 후 사라졌을 가능성은 있다. 왜냐하면 오늘날 그 입자가 존재한다는 관측적 증거가 없기 때문이다. 만일 그 입자가 계속 존재해 왔다면 우주 밀도는 현재 별이나 은하를 구성하는 물질들의 밀도보다 10억 배나 더 커졌을 것이다. 이것은 물론 우리가 살고 있는 우주의 모습은 아니다. 이처럼 질량이 큰 우주는 팽창의 감속이 일어났을 것이고, 수억 년 전에 이미 대함몰로 수축했을 것이다. 별, 은하, 사람, 그 어느 것도 존재하지 못했을 것이다. 이제 문제는 심각해졌다. 이런 물질은 과연 어떻게 사라졌을까? 어떻게 생성이 억제되었을까? 그 해답은 우주 탐구의 새 장을 열 것이고, 우주의 기원을 이해하고자 하는 접근 방식을 완전히 바꿔 놓을 것이다. 이런 변화의 심각성을 이해하기 위해서는 우리가 오늘 보고 있는 우주가 우주 전체인지 아닌지를 심사숙고해야 하고, 왜 현재 모습이 그렇게 불가사의한지 재고해 봐야 한다.

우주에 대해 이야기할 때 꼭 짚고 넘어가야 할 것이 있다. 우주는 존재하는 모든 것이다. 우주는 무한히 펼쳐져 있는지도 모르고, 어쩌면 유한할지도 모른다. 우리는 그 실상을 모른다. 그러므로 '**가시 우주**(visible universe)'라고 부르는 개념을 사용할 수밖에 없다. 가시 우주란 우주가 팽창을 시작한 이래 빛이 우리에게 도달할 때까지 걸린 시간만큼 존재해 온 우주의 유한한 일부를 말한다 그림 4.2. 그러므로 우리는 가시 우주를, 중심에 우리가 있고 지름이 150억 광년인 가상적인 공으로 생각할 수 있다. 시간이 지남에 따라 가시 우주의 크기도 증가할 것이다.

이제 오늘날 우리의 가시 우주를 구성하고 있는 영역의 역사를 되짚어 보자. 그 역시 우주 팽창에 따라 팽창해 왔을 것이므로 현재 가시 우주에 포함된 물질들(오늘날 10^{11}개의 은하들을 만들 만한 물질들)은 과거에는 더 작은 영역에 있었을 것이다. 팽창에 따라 이 영

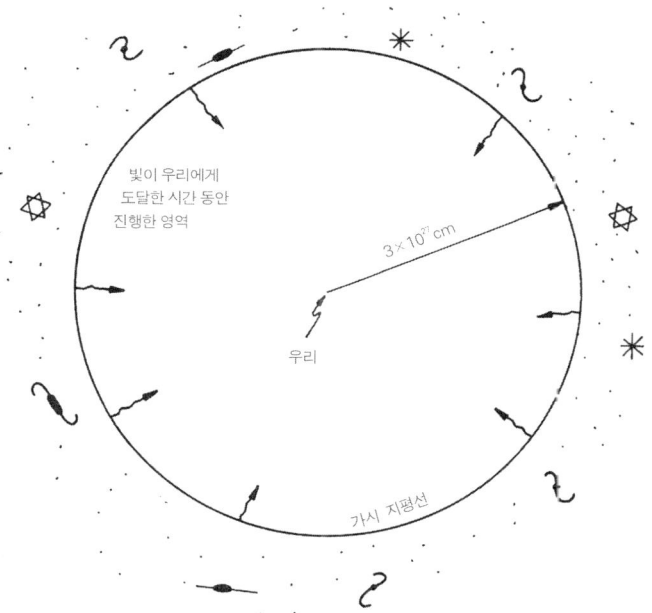

그림 4.2
가시 우주는 우리 주변의 구형으로 표시한 영역으로, 우주 팽창이 시작된 이래 빛이 진행해 온 영역으로 정의된다. 이 구의 반지름은 현재 3×10^{27}센티미터이다.

역의 반지름이 증가하면서 복사 온도는 크기에 반비례해 감소했을 것이다. 이것은 이미 잘 알려진 열역학 법칙과 잘 부합한다. 이

와 같은 상황은 복사 온도를 과거 가시 우주의 크기를 나타내는 지표로 사용할 수 있음을 뜻한다. 크기가 두 배가 되면 온도는 반으로 줄어들 것이다.

이제 초기의 어떤 시점을 선택해서 그때가 세 가지 기본 힘이 통합되어 있던 시점이라고 생각해 보자. 이때는 우주의 온도가 X 입자와 단극자를 생성할 수 있을 만큼 매우 높았던 시기이다. 그때의 온도는 절대 온도 3×10^{28}도였고 우주 팽창이 시작된 지 10^{-35}초 지난 후의 상황이다.

오늘날, 다시 말해 팽창이 시작된 이후 10^{17}초가 지난 지금, 복사 온도는 절대 온도 3도로 떨어졌다. 온도가 초기에 비해 10^{28}배가 변한 것이다. 이로 미루어 볼 때 오늘날 가시 우주에 있는 모든 물질들은 당시에는 현재보다 10^{28}배나 작은 영역에 존재했을 것이다. 가시 우주의 크기는 빛의 속도에 우주의 나이를 곱해서 얻을 수 있다. 그림 4.2에서 본 것처럼 그 반지름은 약 3×10^{27}센티미터이다. 그렇다면 대통일이 일어나던 시기에는 오늘날 가시 우주에 존재하는 모든 것이 지름 3밀리미터의 영역 내에 존재했다는 이야기다! 이것은 너무 작은 영역이라고 느껴지겠지만, 실제 문제는 이 영역이 너무 '**크다**'는 데에 있다. 이 시점에 우주 팽창 시작 후

4장 급팽창과 입자 물리학   115

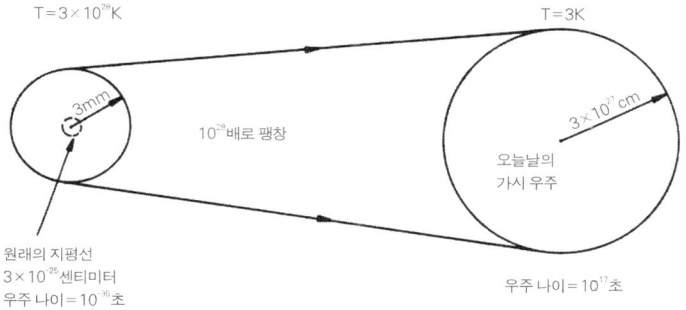

그림 4.3
가시 우주 팽창 과정을 거슬러 올라가면 우주 탄생 후 10^{-35}초가 지났을 때 가시 우주는 반지름 3밀리미터 내로 압축되어 있어야 한다. 그러나 당시 빛이 진행한 거리, 즉 당시의 지평선 거리는 약 10^{-25}센티미터였다. 이 차이를 평범한 대폭발 이론으로는 설명할 수 없다.

빛이 여행해 온 거리는, 빛의 속도 초속 3×10^{10}센티미터에 당시 우주 나이 10^{-35}초를 곱한 3×10^{-25}센티미터이다 그림 4.3. 이것은 팽창 시작 후 어떤 신호(빛)가 이동할 수 있는 최대 거리이기도 하다. 따라서 이것을 '지평선 거리(horizon distance)'라고 한다. 만일 초기 우주에 있었던 어떤 불규칙성이 마찰이나 다른 균질화 과정 때문에 균일하게 되었다면, 당시 균질화가 가능한 최대 범위는 바로 이 지평선까지일 것이다. 왜냐하면 이러한 과정들은 빛의 속도보다 더

빨리 진행될 수는 없기 때문이다. 문제는 바로 여기에 있다. 오늘날의 가시 우주를 형성한 영역이, 초창기에는 지평선 거리까지의 크기보다 더 **컸던** 것이다. 여기서 수수께끼와 문제점이 생기게 된다.

그 '**수수께끼**'는 만일 우주가 서로 완전히 분리된 독립적인 수많은 영역으로 만들어졌다면——우주 탄생 이후 빛이 한 영역에서 다른 영역으로 이동할 만한 시간이 없었다는 뜻이다.——오늘날 우주의 모든 곳에서, 그리고 하늘의 모든 방향에서 나타나는 뚜렷한 규칙성을 설명하기 힘들다는 것이다. 에너지나 열이 이동할 만한 시간이 없었는데, 즉 균질화를 이루기에는 시간이 충분하지 못했는데 어떻게 1,000분의 1의 오차(우주 배경 복사의 등방성으로 미루어 볼 때)로 온도와 팽창률이 같아질 수 있었을까? 관측 사실만 본다면 우리는 처음부터 모든 곳에서 조건들이 동일하게 '창조되었다.'라는 결론에 이를 수밖에 없는 것처럼 보인다.

자기 단극자가 도처에 존재했어야만 한다는 사실 또한 **문제**다. 이 입자들은 초기 우주에서 비정상적인 에너지장의 방향들이 잘못 배열된 곳에서 생성되었다. 이처럼 에너지장의 방향이 잘못 배열된 곳마다 마치 매듭이나 추처럼 에너지의 덩어리가 형성되었는데 이것이 단극자이다. 당시 지평선의 지름은 10^{-25}센티미터,

바로 이 에너지장들이 제대로 배열될 수 있는, 그리고 잘못된 배열을 피할 수 있는 범위에 해당한다. 그러나 우주의 초창기에는 오늘날의 가시 우주에 해당하는 영역이 당시의 지평선 크기보다 10^{24}배나 컸다. 그러므로 당연히 수많은 불균형적 배열이 있었을 것이고, 오늘날 우주의 가시 영역에서는 그 결과로 생긴 많은 단극자를 발견할 수 있어야 한다. 그러나 앞에서도 말했듯이, 오늘날 우주에는 그런 단극자들이 존재한다는 관측적 증거가 없다. 이것이 바로 '단극자 문제'이다.

이 문제를 자세히 짚어 보자. 물리학자들은 물질이 매우 높은 온도에서 어떻게 움직이는지에 대한 자세한 이론을 정립했다. 이 이론을 적용해 우주의 첫 순간을 재구성했더니 놀랍고 새로운 해답을 얻을 수 있었다. 예를 들면 우주에서 어떻게 물질이 반물질보다 우세하게 되었는지도 밝혀냈다. 그러나 이 이론에 따르면 '자기 단극자'라고 부르는 새로운 입자가 다량 존재해야 했다. 하지만 다량의 단극자는 관측 결과 존재하지 않는다. 많은 양의 단극자가 예측된 이유는 다음과 같다. 오늘날의 가시 우주가 단극자가 형성되었던 당시의 어떤 영역이 팽창한 것이라고 보았을 때 그 영역은 빛이 우주 시작부터 당시까지 여행해 온 거리보다 훨씬 컸다. 따라서 수많은 비균질적 에너지의 덩어리가 생겨서 많은 수의 단극자가 형성되었다고 생각한 것이다. 이제 통일장 이론과 관측 결과는 단극자의 존재를 놓고 모순된 상황에 처하게 되었다. 그런데 통일장 이론의 성과에 매우 고무되어 있던 물리학자들은 단극자 문제에 직면하자 통일장 이론을 포기하기보다는 차라리 이 문제를 한켠으로 밀어 놓고, 이 이론의 또 다른 특성들을 계속 탐구하기로 했다. 미스터 미코버(Mr. Micawber, 「데이비드 카퍼필드」에 나오는 낙천적인 인물—옮긴이)처럼 어떤 희망적인 변화가 있을 것을 기대하면서. 그리고 그 변화는 일어났다.

1979년 스탠퍼드 선형 가속기 연구소에서 일하고 있던 미국의 젊은 입자 물리학자 앨런 구스(Alan Guth)가 우주에 관한 기존의 지식과 부합되는 통일장 이론 체계를 수립함으로써 이 문제를 풀 수 있는 방법을 생각해 냈다. 그 후로 그의 '급팽창 우주(inflationary universe, 인플레이션 우주)' 개념은 초기 우주 연구의 초점이 되어 왔으며, 급팽창 이론은 그의 기본 개념을 바탕으로 다양한 연구 과정을 거쳐 고유한 체계를 확립하기에 이르렀다.

우리는 단극자 문제가 초기 우주에서 지평선 거리가 매우 작기 때문에 발생한 것임을 알고 있다. 대통일 시기의 지평선 거리는

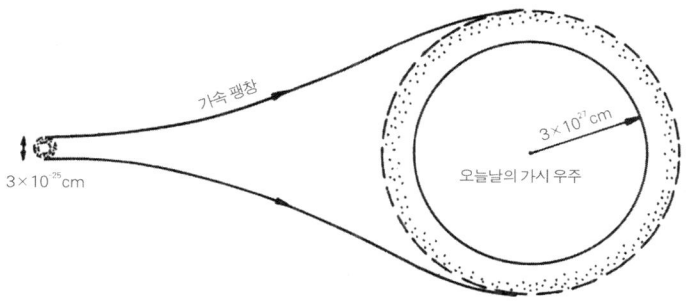

그림 4.4
급팽창은 우주의 초기 팽창을 가속화했다. 반지름이 10^{-25}센티미터였던 영역에서 오늘날 가시 우주의 크기로 팽창하는 것을 가능하게 했다. 그림 4.3의 느린 팽창 시의 상황과 비교해 보자.

현재까지 팽창을 거듭해 왔다 하더라도 지름 100킬로미터를 넘지 못한다. 물론 이것은 오늘날의 가시 우주의 크기에 비해 터무니없이 작은 값이다. 따라서 이 모순을 해결하기 위해서는 뭔가 생각의 전환을 해야 한다. 만일 우주가 초창기에 더 빨리 팽창했다고 하면 어떨까? 그렇다면 오늘날의 가시 우주에 해당하는 크기까지 팽창하는 것이 가능할 수 있다. 이것이 바로 앨런 구스의 급팽창 우주 가설이다. 그에 따르면 우주는 초창기에 팽창이 가속화된 시기가 있었다. 이 시기는 매우 짧아서 10^{-35}초와 10^{-33}초 사이였을 것으로

보인다 그림 4.4.

    만일 이러한 가속 팽창이 실제로 일어났다면, 팽창이 시작된 이래 빛이 진행해 온 거리만큼인 작은 영역이 팽창해서 오늘날의 거대한 가시 우주를 형성하는 것도 가능하다. 그러나 무엇보다 중요한 것은, 이 경우에는 많은 수의 단극자가 생기지 않는다는 것이다. 가시 우주가 단극자의 원천인 에너지 덩어리가 형성되지 않는 작은 영역, 즉 지평선 거리보다 **크지 않은** 영역에서 팽창해 왔기 때문이다. 이렇게 해서 단극자 문제는 해결되었다. 이와 더불어 우주의 균질성 문제도 해결되었다. 급팽창 이론이 등장하기 전까지는 현재 관측되고 있는 우주의 균질성을 이해하는 것이 매우 난감한 일이었다. 초기의 비균질성이 어떤 과정을 거쳐 균질화된 것이라고 설명할 수도 없었고, 처음부터 매우 질서 정연하고 균질했던 것이 현재까지 이어져 온 것이라고 설명할 수도 없었다. 그러나 급팽창 이론에 따르면, 우주는 어떤 작은 영역(앞에서 설명한 우주의 지평선 내부를 말한다.—옮긴이)으로부터 팽창해 왔다고 할 수 있다. 그 작은 영역은 뜨거운 곳에서 차가운 곳으로 에너지가 이동하는 과정에서 균질화되었고, 그 균질성을 유지할 수 있을 만큼 충분히 작았다. 그러므로 이처럼 균질한 작은 영역이 팽창해서 이루어진 오늘날의 우주는 균질할 수밖에 없다. 우주의 현재 지평선을 넘어서면 비균질성이 아직도 남아 있을지 모른다. 결국 비균질성은 소멸되었다기보다는 보이지 않는 곳으로 밀려났다고 보는 것이 더 적당할 것이다.

우주 팽창이 가속된 시기가 우주의 역사에서 순식간에 지나가 버렸다는 설명은 별로 그럴듯하게 들리지 않을지도 모른다. 그러나 매우 중대하고 영향력이 큰 의미를 담고 있다. 우리는 앞에서 펜로즈, 호킹, 게로치, 엘리스의 특이점 명제를 논의했다. 중력은 언제 어디서나 인력으로 작용한다는 가정을 상기하자. 우리는 91쪽에서 우주의 밀도와 압력의 합인 D가 양의 값을 가질 때 중력이 인력으로 작용한다는 것을 살펴보았다. 그런데 이것은 우주 팽창이 감속되고 있는 경우에 해당하며 급팽창 개념이 제안되기 이전의 대폭발 모형에서 예측되었던 내용이다. 우주가 얼마나 빨리 팽창을 시작했는지에 관계없이, 영원히 팽창하거나 대함몰로 수축하거나 간에, 물질이 다른 물질에 미치는 인력 때문에 중력의 효과가 팽창을 둔화시키게 된다. 그래서 만일 우주 초기에 가속 팽창의 시기가 있었다면, 그때 중력 효과는 일시적으로 역전되었어야 하고, D 값 역시 일시적으로 음의 값이 되었어야 한다. 이것이 급팽창 가설의 핵심이다. 급팽창 가설에 따르면 대폭발 직후 팽창이 가속된 시기가 있었고, 그때 물질이 반중력 상태로 존재했다. 이 가설이 맞다면 우리는 우주의 균질성과 단극자 문제를 설명할 수 있다. 만일 자연계에 이러한 물질이 존재하지 않는다면 이 이론은 잘못된 것이다. 만일 존재한다면, 우주에는 과거에 일어났던 급팽창 시기를 증언해 주는 어떤 증거가 남아 있는 셈이고, 우리는 그것을 찾아보아야 한다.

1960년대에는 중력이 인력의 형태로 존재하는 것이 척력으로 존재하는 것보다 훨씬 합리적이라고 믿었다. 그러나 1980년대에 들어와서 우주론 연구자들은 고밀도 상태에서 중력의 역전이 일어난다고 믿게 되었다. 입자 물리학자들이 음(-)의 압력을 형성할 수 있는 물질의 형태를 예측하는 이론을 내놓으면서 새로운 가능성이 열렸다. 이 물질 형태에서 생기는 음의 압력은 양(+)의 밀도보다 커서(91쪽의 D 값이 음이라는 것을 뜻한다.) 척력으로서의 중력을 생성하기에 충분하다. 만일 이런 형태의 물질이 이론상으로만 아니라 실제로 존재한다면, 우주가 팽창함에 따라 서서히 그 세기가 증가해 결국에는 팽창에 대해 반중력적인 영향을 미칠 것이다. 이렇게 해서 팽창은 가속되기 시작할 것이다. 우주는 물질장이 좀 더

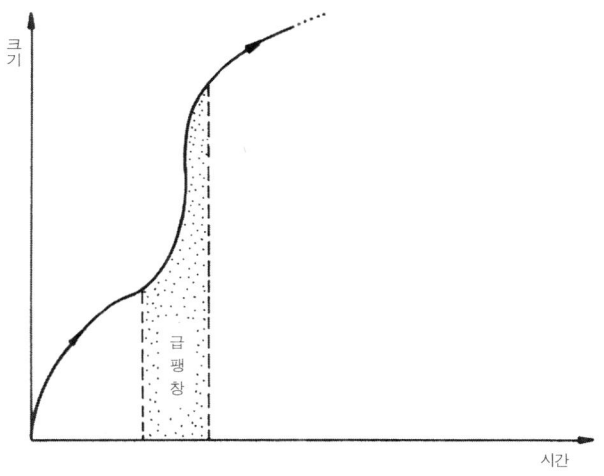

그림 4.5
시간에 따른 급팽창 우주의 반지름 변화. 급팽창 기간은 매우 확대해 그렸다. 실제로는 팽창 시작 후 $10^{-35} \sim 10^{-33}$초 동안 지속되었다. 현재 우주의 나이는 약 150억 년이다. 이 그림은 우주 팽창이 감속되는 형태로 시작되었다가 급팽창 시기에 가속되고, 급팽창이 끝난 후 다시 감속 상태로 되돌아가는 과정을 보여 준다.

평범한 형태 ─ 인력으로서의 중력만을 나타내는 형태 ─ 의 물질과 복사로 붕괴될 때까지 급팽창할 것이다. 그리고 짧은 급팽창의 시기가 지나면 우주는 급팽창이 시작되기 전의 감속 팽창 상태로 되돌아갈 것이다. 오늘날까지 그러한 상태로 이어져 온 것이

다. 이것이 초기 우주의 진화를 설명한 급팽창 우주의 시나리오다 그림 4.5.

우주의 역사에 대한 이와 같은 설명은 우주론 연구자들에게 여러 가지 면에서 매력적이다. 이러한 설명을 통해 단극자 문제 및 우주의 균질성 문제가 어떻게 해결될 수 있는지는, 거시적 규모로 이미 살펴보았다. 그러나 그 밖에도 급팽창 이론은 가시 우주의 현재 상태에 관해서 두 가지 예측을 더 하고 있다.

단극자 문제를 해소하기 위해서는 팽창의 가속 시기가 가속이 시작되었을 때 우주 나이의 최소 70배 되는 시간 동안 지속되어야 한다. 이것이 우리의 가시 우주가 지름 1밀리미터보다도 더 작은 영역으로부터 형성되기에 필요한 시간 조건이다. 가속 팽창에서 중요한 점은 가속 팽창이 없었던 때에 비해서 우주가 더 빨리, 그리고 더 오랫동안 팽창한다는 것이다. 급팽창이 없었다면 우주는 수축되기 전까지 1초도 안 되는 짧은 시간 동안만 팽창할 것이다. 급팽창이 있었기 때문에 우주 팽창이 10^{12}년 이상 쉽게 지속될 수 있었다. 이러한 가속화 현상은 영원히 팽창하는 우주와 대함몰을 향해 재수축하는 우주 사이의 임계 상태에 더욱 근접하게 만든다. 급팽창 이론에 따르면 관측된 가시 우주가 임계 상태에 불가사

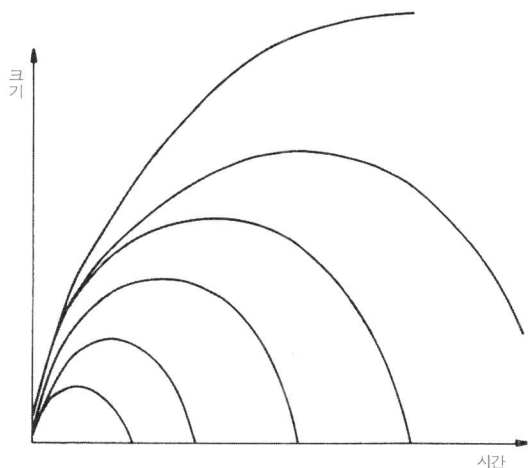

그림 4.6
각각 다른 수명을 가진 닫힌 우주의 예. 오래 팽창하는 우주일수록 임계 상태에 가깝다.

의할 만큼 근접해 있는 현상을 자연스럽게 설명할 수 있다 그림 4.6.

만일 팽창이 가속된 시기가 충분히 오래 지속되었기 때문에 오늘날 자기 단극자가 존재하지 않는다고 설명할 수 있다면 팽창 상황은 임곗값에 100만분의 1 이내로 근접해야 한다. 다시 말해 가시 우주의 평균 밀도가 임계 밀도, 즉 세제곱센티미터당 2×10^{-29} 그

램에 100만분의 1 이내의 오차로 근접한다는 뜻이다.

이것은 두 가지 이유 때문에 흥미롭게 느껴진다. 첫째는 만일 밀도가 임곗값에 근접해 있다면 우리 우주가 열린 우주인지 닫힌 우주인지 결정할 수 없다는 것이다. 관측을 통해서는 가시 우주 전체의 밀도를 100만분의 1의 정확도로 측정할 수는 없기 때문이다. 그러나 더 흥미로운 것은 두 번째 이유이다. 우리가 관측한 **빛을 내는** 물질들의 전체 밀도를 구해 보면 임곗값보다 최소한 10배는 작다. 만일 급팽창 이론이 옳다면 가시 우주 밀도의 대부분은 은하나 별처럼 빛나는 천체로서가 아니라 빛을 내지 않는, 즉 보이지 않는 형태로 존재해야만 한다. 사실 이것은 매우 고마운 결론이었다. 왜냐하면 천문학자들은 별이나 은하가 빛을 내는 물질들이 만든 중력의 영향보다 더 빠르게 움직이는 현상이 관측되는 것을 설명하기 위해서 오랫동안 골치를 앓아 왔기 때문이다. 따라서 보이지 않는 암흑 물질이 많이 존재한다면 그 중력적 효과로써 별이나 은하의 운동을 적절히 설명할 수 있게 된다.

그렇다면 우리가 먼저 해야 할 일은 별이나 은하 사이에 다량의 암흑 물질이 존재한다고 가정하는 것이다(아마도 그것은 매우 희미한 별이나 암석, 기체, 먼지, 그 외 다른 형태들로 존재할 것이다.). 이러한 물질들은 기존의 별 형성 과정에 쓰이지 않았을 것이다. 만일 별이나 은하 사이에 보이지 않는 암흑 물질들이 많이 존재한다면 이는 우주 내 빛의 분포를 물질의 분포로 볼 수 없음을 뜻한다. 이것은 그다지 이상한 상황은 아니다. 우리가 우주 공간에서 지구를 바라보고 야간의 불빛 분포도를 그린다고 가정해 보자. 불빛 분포가 인구 분포를 그대로 나타낸다고는 할 수 없을 것이다. 그보다는 차라리 부(富)의 분포를 반영한다고 보는 것이 낫다. 서구의 대도시들은 휘황찬란하게 빛나고 있겠지만, 많은 인구가 몰려 있는 제3세계는 오히려 훨씬 어두울 것이다.

유감스럽게도 오늘날 우주의 상황은 그렇게 분명하지만은 않다. 우리가 이론상으로는 물질의 원자나 분자 중 많은 양이 빛을 내지 않는 형태로 존재한다고 생각하지만 자연계에서 드러나는 상황은 그에 부합하지 않는다. 우주 팽창 이론의 초석이 된 것들 중 하나가 우주 탄생 몇 분 후에 일어난 핵반응의 결과를 자세히 예측할 수 있다는 사실이었음을 기억하자. 그러한 예측에 따른 계산 결과는 수소, 리튬, 중수소, 헬륨 동위 원소의 관측량과 일치했다. 이로부터 이들 핵반응을 통해 생긴 물질들의 밀도는 우주 임계 밀도의 10분의 1에 지나지 않음을 알 수 있었다. 만일 우주의 실제 밀도가 이보다 크다면 핵반응 결과 더 많은 중성자가 헬륨-4 속으로 들어가 이 반응의 부산물인 중수소나 헬륨-3이 오늘날 관측된 것보다 적게 남아 있어야 한다. 헬륨-3과 중수소의 양은 우주 내 핵물질 밀도의 척도로 쓰인다. 우주에 암흑 물질이 다량 존재해 밀도가 임계 밀도에 가까운 값이 되었다면 그 암흑 물질은 핵반응에 관련되지 않았다는 것을 뜻한다. 암흑 물질이 핵반응에 관계한다면 현재 관측되는 원소들의 양과 모순이 생기기 때문이다. 그러므로 암흑 물질은 핵반응에 관계되는 원자나 분자 형태로 존재할 수 없다.

아마도 암흑 물질은 중성미자 같은 형태로 존재하고 있음이 틀림없다. 중성미자는 전하를 띠고 있지 않으며 전자기력에 영향을 받지 않는다는 것을 상기하자. 강한 핵력의 영향도 받지 않는다. 중성미자는 오직 중력과 약한 핵력의 영향만 받을 뿐이다.

우리는 중성미자에 세 종류가 있으며, 세 종류 모두 거의 0에 가까운 질량을 갖는다는 것을 알고 있다. 그러나 이에 대한 증거는 별로 강력하지 않다(1999년 슈퍼 카미오칸데의 검출기를 통해 중성미자도 아주 작지만 질량을 갖는다는 게 확인되었다. 전자 중성미자는 2.2전자볼트, 뮤온 중성미자는 170킬로전자볼트, 타우 중성미자는 15.5메가전자볼트 정도의 질량을 가진다.―옮긴이). 중성미자의 상호 작용은 매우 약해 실험으로 그 질량을 검출하는 것이 극히 어려울 뿐만 아니라 중성미자의 질량 자체가 매우 작기 때문이다. 입자 물리학자들이 암흑 물질의 형태로 중성미자만 제시한 것은 아니었다. 자연계의 모든 힘을 통합하려는 연구 과정에서 WIMP(Weakly Interacting Massive Particles, 웜프)라는 질량이 크고 상호 작용이 약한 입자의 존재가 예측되었다. 그러나 이 입자는 지구상의 실험을 통해서는 아직까지 검출되지 않았다. 제네바에서 계획하고 있는 새로운 입자 충돌기의 목표 중 하나가 바로 이러한 입자를 발견하는 것이다(CERN에서 작년에 시험 가동에 들어간 대형 강입자 충돌기(LHC)가 그것이다. — 옮긴이).

이미 알려진 세 종류의 중성미자가 90전자볼트를 넘지 않는 질량을 갖고 있다면(수소 원자의 질량은 약 10억 전자볼트에 해당한다.), 우주 전체에 걸쳐 퍼져 있는 중성미자를 전부 합하면 임곗값을 초과하는 밀도가 된다. 우주는 닫힌 우주가 될 것이다. 즉 미래의 언젠가는 반드시 수축할 것이다. 마찬가지로 WIMP가 존재한다면, 그리고 그 질량이 수소 원자의 2배 정도 된다면 그 밀도 때문에 대폭발 이론에 따라 우주는 닫힌 우주가 될 것이다.

그런데 우주가 본래부터 상호 작용이 약한 입자들의 바다로 이루어져 있었다면, 어째서 이들을 직접적으로 검출할 수 없는 것일까? 유감스럽게도 중성미자를 직접 검출할 희망은 거의 없다. 질량이 작고 상호 작용이 약해서 검출기로 감지하기 어렵기 때문이다. 우리가 할 수 있는 것은 실험을 통해 관측 가능한 다른 입자에 영향을 미칠 만한 에너지를 가진 중성미자를 생성하고 그 중성미자의 질량을 간접적으로 측정하는 것, 컴퓨터 모의 실험과 관측을 통해서 중성미자가 빛을 내는 물질들의 응집 과정에 어떤 영향을 끼치는지를 알아보는 것 정도이다. 그러나 암흑 물질을 이루는 WIMP가 존재한다면 상황은 훨씬 흥미로울 것이다. 이 입자들은 중성미자보다 질량이 10억 배는 크고 그에 상당하는 에너지로 검출기에 충돌할 것이다. 이 정도의 에너지라면 우리 주위의 우주 입자들을 검출하는 용량 범위 내에 있기 때문에 검출이 가능하다. 그 입자들이 우주 내의 암흑 물질을 구성할 만큼 널리 퍼져 있기만 하다면 말이다.

현재 미국과 영국의 몇몇 연구진이 WIMP를 발견하기 위해 노력하고 있다. 그 과정은 다음과 같다. WIMP 중 하나가 결정의 원자핵을 때리면 원자핵은 일시적으로 진동하게 된다. 이때 축적된 에너지로 결정은 가열된다. 이 결정의 온도 변화를 조사해 WIMP 입자의 작용 여부를 알아낸다. 1킬로그램의 물질을 실험할

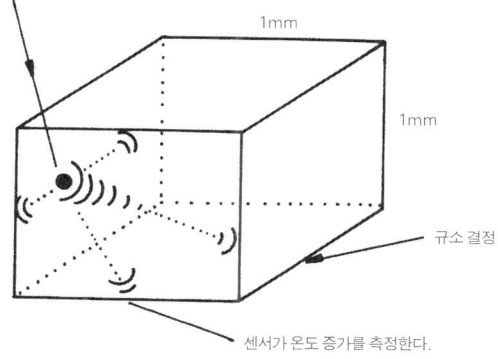

그림 4.7
WIMP를 검출하기 위한 물리적 과정들. 작은 결정(사방 1밀리미터)을 절대 온도 0도(오차 범위는 절대 온도 0.01도)로 냉각한다. WIMP 입자가 결정의 원자핵을 때리면 원자핵은 진동하지만 곧 다시 안정되어 파동의 형태로 에너지를 방출한다. 이 에너지는 작지만 측정 가능할 만큼 결정을 가열한다.

경우 하루 평균 1~10개의 입자를 검출할 수 있다. 만일 실험에 방해가 될 만한 모든 요소——우주선, 방사능 붕괴, 기타 지구상의 사건들——를 막을 수 있다면 WIMP가 우리 주위에 존재하는지를 밝혀낼 수 있을 것이다. 이러한 방해 요소를 차단하기 위해 검출기를 땅 속 깊이 설치해야 한다. 절대 온도 0도로 냉각해 주는 냉장고 내

에 설치하고 냉장고 주변을 흡수 물질로 둘러싼다그림 4.7.

    우리는 몇 년 후 이 실험의 첫 번째 결과를 얻을 수 있으리라는 희망을 가지고 있다. 아마도 우주에 대해서 완전히 새로운 방식으로 놀랄 만한 무엇인가를 알려 줄 것이다. 우주가 열린 우주인지 닫힌 우주인지는 이 극히 작은 입자들의 성질로 밝혀질지도 모른다. 이토록 엄청난 우주의 비밀이 하늘을 향한 망원경이 아닌, 땅속 깊은 곳에 묻힌 검출기를 통해서 밝혀질지도 모르는 것이다. 저 거대한 은하단들은 우주라는 물질 바다에 존재하는 한 방울의 물 같은 존재일 수도 있다. 공간을 휠 만한 물질의 덩어리들은 어쩌면 지금껏 우리가 입자 가속기로 검출해 낸 입자들과 전혀 다른 미지의 형태로 존재하고 있을지도 모른다. 이것은 물질 우주에 관한 우리의 논의에서 최후의 코페르니쿠스적 전환을 일으킬지도 모른다. 우리는 우주의 중심에 있지도 않고, 우주에서 가장 보편적인 물질로 이루어져 있지도 않다.

5
급팽창과 코비 탐사

이것은 담배 세 대 피울 시간이면 해결될 문제로군.
50분 정도 내게 말을 걸지 말게나.

――『붉은 머리 클럽(*The Red-headed League*)』

전 세계의 언론은 1992년 봄, 미국 항공 우주국(NASA)의 코비 위성이 우주 배경 복사에서 미세한 온도 변화를 관측했다는 발표를 대서특필했다. 코비 위성은 지구 대기 밖에서 관측을 수행했으므로 대기의 영향을 받지 않았다. 따라서 지구상에서의 관측보다 훨씬 정확한 결과를 얻을 수 있었다. 코비 위성은 관측각을 10도 이상(참고로 보름달의 시직경은 0.5도에 해당한다.)으로 유지했는데, 이것은 검출기를 10도 이상의 각도로 앞뒤로 바꾸어 가며 하늘을 관측했음을 말한다. 이렇게 해서 각 방향으로부터 오는 우주 배경 복사의 광자들을 검출해 온도 차이를 측정했다. 이러한 미세한 온도 차이가 의미하는 것은 무엇일까? 그리고 모두들 왜 그토록 이 사실에 대해서 흥분한 것일까? 몇몇 과장된 보도에서는 코비의 발견이 역사상 가장 중요한 과학적 발견이라고까지 했다.

우리는 물리학의 기본 원리를 이용해 별이나 행성과 같은 천체의 구조를 이해할 수 있다. 그러나 은하를 이해하려면 또 다른 지식이 필요하다. 은하들과 은하단들이 관측되는 것과 같은 질량과 모양, 크기 등을 가지는지도 확실하지 않고, 자연계에서 힘의 균형이 유지되는 방식을 은하나 은하단의 물리량에 적용해서 설명할 수 있는지도 모른다. 거의 모든 것이 불확실하다. 은하와 은하단은 우주의 평균 밀도보다 엄청나게 큰 밀도를 가진 '물질의 섬'과 같은 것일까? 예컨대 우리 은하의 평균 밀도는 우주의 평균 밀도보다 약 100만 배가 크다. 이런 불규칙성이 불가사의한 것은 아니다. 물질이 균질하게 분포한 상태에서 매우 미세한 비균질성이 발생하면 그것은 눈덩이처럼 불어날 것이다. 왜냐하면 비균질성이 생기면 조금이라도 물질의 양이 많은 쪽으로 중력이 작용하

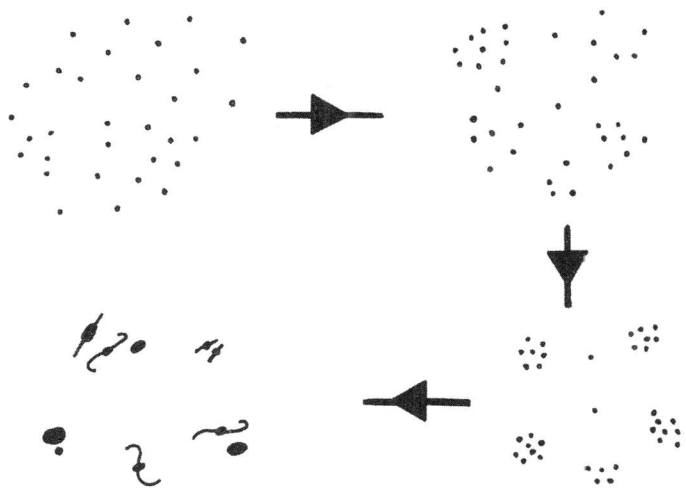

그림 5.1
중력 불안정으로 인해 비균질 분포는 커다란 구조물을 형성하게 된다.

게 되고, 주변 물질을 끌어당겨 점점 성장할 것이기 때문이다.

이러한 과정을 '중력 불안정(gravitational instability)'이라고 하는데, 300여 년 전에 뉴턴이 처음 정립했다. 중력 불안정은 우주가 팽창하든 안 하든 상관없이 일어나는 현상이다. 우주 팽창이 있을 경우, 응집된 물질들을 떨어뜨리는 방향으로 팽창력이 작용할 것이므로 물질이 응집되는 데 더 오래 걸릴 것이다. 그러나 현재의 우주 나이에서는 물질의 덩어리들이 다른 부분들에 비해 매우 밀도가 크므로 우주 팽창 효과가 효력을 발휘하지 못한다 그림 5.1. 그러한 덩어리들은 안정된 물질의 섬을 형성하며, 그 내부에서는 구성 요소들의 운동이 압력을 생성한다. 이러한 압력은 바깥쪽으로 작용하는 힘으로, 안쪽으로 끌어당기는 힘인 중력과 균형을 이루게 된다. 그러나 은하와 은하단의 기원을 중력 불안정으로 설명하려면 우주 팽창이 시작된 때, 혹은 그 직후의 상황에 대해서 더 많이 알아야만 한다. 이 불규칙성들이 주어진 시간 동안 어떻게 확대되어 얼마만큼 큰 밀도를 가지게 되는가 하는 것은 시작 당시의 밀도에 크게 좌우되기 때문이다.

가장 먼 은하, 그리고 은하가 형성되기 전 단계로 보이는 천체들을 관측한 결과, 오늘날 관측되는 이와 같은 고밀도 천체들은 우주 팽창이 현재의 5분의 1 크기에 이르렀을 무렵부터 존재한 것으로 보인다. 그러나 우리에게 정말로 필요한 것은 우주가 약 100만 년 되었을 때, 그리고 현재의 1,000분의 1 크기였을 때의 밀도 상태가 어떠했는가 하는 것이다. 이 시기는 은하나 은하단과 같은 고밀도 천체들이 나타나기 훨씬 전이다. 코비 위성이 관측한 것은 바로 이 시기의 상황이다. 당시 상황에 대한 정보들은 그 후에 일어난 사건들의 영향을 받지 않은 채 우주 배경 복사의 형태 속에 저장되었다. 현재 과학자들은 코비의 자료를 지상 관측 결과로 보완하고 있다.

이미 살펴본 바와 같이, 우주의 초창기에 고온 상태로부터 나온 복사는 우주가 팽창하면서 냉각되었다. 팽창이 약 100만 년간 진행된 후 복사는 더욱 냉각되었고, 우주 곳곳에서 원자핵과 전자가 모여 원자나 분자를 형성하기 시작했다. 그보다 더 초기에는 우주가 아직 충분히 냉각되지 않았으므로 원자핵이나 전자는 주변의 고에너지 광자의 영향을 받을 수밖에 없었다. 따라서 모이자마자 다시 흩어져 원자나 분자를 형성하지 못했다. 우주 팽창 100만 년이 지난 시점에 이르러 광자는 공간과 시간 속을 자유롭게 날아가기 시작했고——그들의 기원에 관한 정보를 간직한 채——결국 오늘날 우리가 관측하는 우주 배경 복사가 되었다. 밀도가 평균값보다 약간이라도 높은 지역에서는 복사 온도가 약간 더 낮았을 것이다. 이처럼 당시 밀도에 따라 온도가 달랐다는 사실은, 오늘날 우주 배경 복사에서 나타나는 온도 변화는 우주의 나이가 100만 년 되었을 때——은하가 형성되기 훨씬 이전——의 물질 분포를 나타낸다는 것을 의미한다.

우주론 연구자들은 지상 관측을 통해 이러한 온도 변화를 찾으려고 수년간 노력했으나 결과는 만족스럽지 못했다. 그러던 중 코비 위성이 드디어 해낸 것이다. 우주 배경 복사의 온도 변화는 10만분의 1 정도의 규모로 매우 작았다. 이 수치는 우주의 나이가 10억 년 되었을 때 최초의 은하와 은하단이 중력 불안정으로 인해 형성되었다고 하면, 이를 위해서 얼마나 많은 비균질성 덩어리들이 확장되어야만 했는지를 가늠하게 해 주었다. 아울러 은하의 형성을 있게 한 세세한 사건들을 규명할 수 있게 해 주었다. 우주 배경 복사에서 온도의 변화를 발견했다는 것은 확실히 놀라운 일이다. 그러나 우주론 연구자들은 그다지 크게 놀라지 않았다. 오히려 온도 변화가 발견되지 않았다면 놀랐을 것이다. 왜냐하면 온도 변화가 없었다면 은하들이 초기의 비균질성 없이 형성되었다고 봐야만 하고, 중력 불안정과 같은 단순한 과정이 아닌 또 다른 과정으로 형성되었다고 가정해야 하기 때문이다.

또한 이러한 온도 변화의 존재는 급팽창 우주의 가능성을 시험할 수 있는 방법도 제공했다. 이것이 구체적으로 어떻게 가능한지 알아보기 위해서 급팽창 현상을 더 자세히 살펴볼 필요가 있다.

급팽창 개념이 도입되기 전에는 은하와 은하단의 기원을 밝히는 것은 매우 어려운 문제였다. 물질과 복사의 변동이 처음에 어떻게 일어나게 되었는지, 언제 일어났는지, 물질과 복사가 분리될 무렵 그 변동의 크기는 어느 정도였는지를 설명할 어떤 이론도 없었다. 할 수 있는 일이라고는 중력 불안정이 있었다는 가정하에 현재 은하들의 양상을 역추적해서 초기의 비균질성에 대한 약간의 정보를 얻는 것 정도였다. 하지만 과거 우주에서 생겼을 것으로 추측되는 물질과 복사의 비균질성은 너무 미미해서 오늘날 보이는 것과 같은 어떤 구조를 형성하기에는 미흡하다고 생각되었다.

학자들은 급팽창이라는 개념이 수수께끼를 풀어 줄 새로운 해결책을 제시한다는 것을 곧 깨달았다. 만일 과거 우주에, 짧지만 가속 팽창의 시기가 존재했다면 온도나 밀도 변동 또한 급팽창되었을 것이고, 그로 인해 미세한 비균질성이 오늘날의 가시 우주 규모로까지 성장할 수 있었을 것이다. 변동의 크기는 가속 팽창이 유발한 물질의 반중력 형태(음의 D 값을 갖는 형태)로 결정된다. 만일 어떤 특정 물질을 선정해서 추적해 본다면 급팽창 시기에 발생하는 변동의 정도를 예측하는 것도 가능할 것이다. 이것은 은하와 은하단의 기원을 탐색하는 데 있어 큰 진전이다. 우주가 어떻게 시작되었는가를 알 필요는 없는 반면, 급팽창으로 생긴 반중력 물질의 종류 및 특성은 알아야 한다. 왜냐하면 이때 생성된 비균질성의 정도는 반중력 물질의 종류와 그들 자신 간의, 혹은 다른 정상적 물질과의 상호 작용에 따라 달라지기 때문이다. 급팽창이 정말로 일어났다면, 코비가 포착한 신호의 세기로부터 그들 간 상호 작용의 세기를 알 수 있다. 다행스럽게도 코비가 포착한 신호에는 그 외의 정보──급팽창으로 생긴 반중력 물질의 종류에 크게 의존하지 않는 정보──도 있었다.

우주에 퍼져 있는 은하와 은하단의 분포도를 보면, 은하들이 집단을 이루고 있는 정도(은하나 은하단이 크고 작은 집단을 이루고 있는지, 개개의 은하가 고르게 분포하고 있는지 등의 여부를 말한다. 은하들이 대부분 집단을 이루고 있다면 그만큼 우주는 비균질하다고 말할 수 있다.──옮긴이)가 관측 규모에 따라 달라진다는 것을 알 수 있다. 우주를 더 큰 규모로 확대해 관측하면 할수록 집단화 현상은 드문드문 일어나고 있음을 알 수 있다. 그러므로 우주의 비균질성의 정도를 말할 때에는 관측 규모를 꼭 밝혀야 한다. 규모에 따른 이와 같은 다양성을 비균질성의 '분광학적 기울기(spectral slope)'라고 한다. 분광학적 기울기는 관측을 통해 결정되는데, 은하단 형성의 양상(은하의 집단화 현상)이나, 혹은 하늘의 일정 각도 범위에서 우주 배경 복사의 온도 변화를 관측해 결정한다.

급팽창 이론이 관심을 끄는 이유 중 하나는 특정한 분광학적 기울기가 생길 것이라고 예측할 수 있기 때문이다. 만일 상대적인 온도 변화——하늘의 두 방향에서 측정된 온도 차이를 하늘의 평균 온도로 나눈 것——가 두 가지 관측 방향 사이의 각도가 증가해도(관측의 규모가 커져도) 변하지 않는 경우, 분광학적 기울기가 '평탄'하다고 한다.

코비의 관측은 장차 은하나 은하단으로 발전할 근원적 변동의 증거를 찾아냈다는 점에서 매우 중요하다. 그러나 우주론 연구자들에게 있어 가장 흥미로운 점은 변동의 분광학적 기울기가 급팽창 이론이 예측한 것과 일치하는지를 알아보는 일이었다. 코비 위성은 수년에 걸쳐 간격을 두고 자료를 수집했으며, 수집된 자료는 결과에 통계적인 불확실성을 줄지도 모르는 환경 요인의 영향——예를 들면 위성 자체의 전기적 현상, 지구와 달에의 근접 등——을 제거하기 위해 복잡한 과정을 거쳐 조정했다. 첫 번째 관측 결과는 1992년에 발표되었다. 이 발표에서는 70퍼센트의 정확도로 분광학적 기울기가 -0.4와 +0.6 사이에 있다고 했다(평탄한 분광학적 기울기는 0이다.). 코비의 관측은 1994년 초까지 진행되었고, 관측을 통해 얻은 자료는 더 많은 컴퓨터 프로그램을 통해 재분석했다. 모든 자료는 분광학적 기울기가 70퍼센트의 정확도로 −0.2와 +0.3 사이에 있음을 가리켰다. 계속되는 자료 분석을 통해 기울기가 존재하는 범위는 점점 좁아질 것이다. 만일 그 자료들이 0에 이른다면 극히 단순한 급팽창 모형과 놀라울 일치를 이루게 된다.

코비 위성은 10도, 혹은 그 이상의 각도에 대한 배경 복사 온도를 측정해 분광학적 기울기를 측정할 수 있다. 더 작은 각도로 관측하려면 더 거대한 실험 장비가 필요하다. 현재 지구 표면에 설치된 고성능 정밀 관측 장비는 캘리포니아의 오언스 계곡, 카나리아 제도의 테네리페, 그리고 남극에 있다(하늘에서처럼 큰 각도로 관측할 수 없는 이유는 지구 대기 효과가 너무 커서 큰 각도로 관측하면 자료에 영향을 주기 때문이다.). 1994년 1월 테네리페 연구팀이 4도 이상의 각으로 행한 관측을 통해 온도 변화의 증거를 발표했다. 그들은 분광학적 기울기가 −0.1보다 크다는 것을 보이면서 코비의 관측 결과와 일치함을 보고했다.

그럼, 지금까지의 논의를 요약해 보자. 우리는 '급팽창'이라는 짧은 가속 팽창 시기가 있어서 필연적으로 우주 곳곳에 밀도의 작은 변화——특정한 분광학적 기울기를 나타내는 변화——가 생겼다는 것을 알았다. 이러한 분광학적 기울기는 우주 배경 복사에 그대로 간직되었다. 이로써 오늘날 코비 위성이 관측한 분광학적 기울기가 급팽창 이론에서 예측한 내용과 일치하는지를 알아볼 수 있게 되었다. 우리는 우주의 나이가 10^{-35}초 되었을 때 일어났던 물리학적 과정들을 직접 관측한 셈이다. 이런 관점에서 볼 때, 우리는 행운아다. 우주가 우리의 편의대로 설계되었을 리는 없다. 그러므로 우리는 자연 법칙을 모두 발견하든지 인간의 사고력에만 의존해서 이러한 자연 법칙들의 핵심을 수학적인 구조로 파악하든지 해야 한다. 그런데 자연 법칙에 대한 어떤 이론을 정립했다고 해 보자. 실험을 통해 이런 이론을 확인할 방법을 찾았다는 것은 행운임이 틀림없다. 과거에 무슨 일이 일어났는지에 관한 이론들을 오늘날에 와서 확인할 수 있는 증거, 즉 우주 초창기의 잔재가 존재한다는 것은 행운이다. 우주의 먼 과거와 구조에 대한 생생한 관측 증거는 사실 거의 남아 있지 않다. 그러나 놀라운 것은 이러한 증거가 거의 없다는 사실이 아니라 조금이라도 남아 있다는 사실이다.

우리는 지금까지 급팽창 우주에 대한 개념과 그 관측 결과들을 대강 훑어보았다. 아직까지 우주가 첫 순간에 어떻게 팽창했는지는 연구 과제로 남아 있다. 코비 위성으로부터 얻은 자료와 지상 실험에 얻은 자료의 분석 결과는 이론적 예측이 우주 배경 복사의 변화와 일치하는지 모순되는지를 알려 줄 것이다. 그러나 일단은 낙관적 연구자들처럼 급팽창 이론이 우주론에의 올바른 접근 방법이라고 가정하고 관측적 반증이 나타날 때까지 탐구해 보도록 하자. 급팽창 이론이 우주 탄생에 대해 내포하고 있는 의미는 무엇인가?

첫째, 우리는 급팽창이 일어날 조건—물질의 존재 형태가 D 값을 음수로 만드는 경우—이 펜로즈, 호킹, 게로치, 엘리스 등이 특이점 명제에서 가정한 것과는 **반대**된다는 것을 상기해야만 한다. 급팽창 우주에서는 특이점 명제가 적용되지 않으며, 우주의 시작에 관해 아무런 결론도 내릴 수가 없다. 특이점으로서의 시작이 존재했는지도 모르지만, 또한 존재하지 않았는지도 모른다. 그러나 이러한 불확실성에도 불구하고 급팽창 이론은 우주가 어떤 특별한 방식으로 존재했을지 모른다는 생각을 강화해 주었다.

급팽창에 대해 논의하기 시작했을 때, 우리는 그 과정이 우주의 어디에서나 동일한 양상으로 발생하는 것처럼 설명했다. 그러

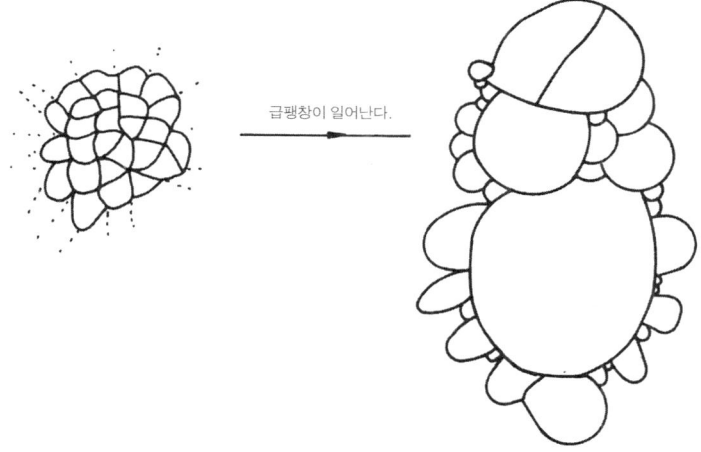

그림 5.2
혼돈 급팽창. 우주 초창기의 미소 영역들이 각각 다른 급팽창을 일으킨다. 최소한 90억 광년의 크기로 급팽창할 수 있는 영역만이 별, 탄소, 인간 등을 형성할 수 있다.

나 실제로는 장소에 따라 약간씩 다르게 나타난다. 우주가 급팽창 전의 상태일 때 몇 개의 영역으로 나뉘어 있었고, 각 영역은 급팽창이 시작되기 전까지 빛이 영역 전체를 지나갈 수 있을 만큼 충분히 작았다고 가정해 보자. 이 각각의 영역들은 (무작위적인 변동 때문에) 온도와 밀도가 조금씩 다를 것이고, (출발 상태가 다르기 때문에) 어

쩌면 극적일 만큼 다를지도 모른다. 그 결과 급팽창이 지속되는 기간도 각각 다를 것이다. 하나 혹은 그 이상의 미소 영역이 엄청나게 급팽창할지도 모르고, 결국 최소 150억 광년의 크기에 이르게 될지도 모른다 그림 5.2.

우리는 무작위적이고 혼돈스러운 초기 상태의 우주를 상상해 볼 수 있다. 어쩌면 이 우주가 무한히 확장될지도 모른다. 이 우주의 소영역들 중 일부에서는 오늘날 가시 우주를 생성할 만한 급팽창이 일어날 것이고, 다른 영역에서는 일어나지 않을 것이다. 우주의 가시 영역 너머까지 볼 수 있다면, 우리는 또 다른 급팽창 영역을 보게 될지도 모른다. 그 영역들은 우리 우주와는 다른 밀도와 온도를 가지고 있을 것이다. 그 영역들 사이에는 좀 더 극단적인 차이가 존재할 수도 있을 것이다. 예를 들면 우주의 어느 지점이냐에 따라 공간의 차원이 다를 수 있다. 급팽창 우주 모형을 여럿 얻을 수 있다면 이러한 차이들을 설명할 수 있을 것이다.

혼돈 급팽창(chaotic inflation) 우주로 알려진 이 모형은 1983년 구소련의 물리학자 안드레이 린데(Andrei Linde)가 처음 제시했다. 이 우주 모형은 우주 연구의 새로운 지평을 열었다. 우리는 이미 가시 우주의 크기가 거대하고 그 나이가 오래된 것이 우연이 아님을 설명했다. 우연이 아닐 뿐만 아니라 우리가 생명체라 부르는 생화학적 복합체가 존재하기 위한 필연적인 조건이라는 것도 이미 설명했다. 서로 다른 급팽창을 겪는 모든 미소 영역들 중, 오직 150억 광년 크기로 충분히 성장할 수 있을 만큼 급팽창한 영역만이 별을 형성할 것이다. 그리고 생명체에 필요한 무거운 원소들을 형성할 것이다. 이로부터 중요한 사실을 알 수 있다. 어떤 특정한 영역이 이러한 엄청난 급팽창을 할 수 있다는 것이 거의 불가능함에도 불구하고, 우리 자신이 이런 불가능해 보이는 거대한 영역에서만 존재할 수 있기 때문에 이런 시나리오를 배제할 수는 없다. 또한 우주 자체가 무한히 확장된다면 오늘날 가시 우주를 형성한, 급팽창 영역을 포함한 여러 종류의 영역들이 존재해야 한다.

린데는 이러한 급팽창의 혼돈 양상이 예기치 않은 형태를 보일 것임에 주목했다. 일부 급팽창 영역은 내부에 무작위적인 변동을 형성하고, 이것이 세부 영역들의 급팽창을 유발한다. 그리고 이 세부 영역들은 다시 급팽창을 하는 세부 영역을 형성할 것이므로 이러한 과정은 무한히 되풀이된다. 즉 한 번 급팽창이 시작되면 영구적으로 일어나게 된다. 우리의 지평선을 넘어서면 아직도 급팽창이 일어나는 영역이 있을 것이다. 이러한 영구 급팽창(eternal

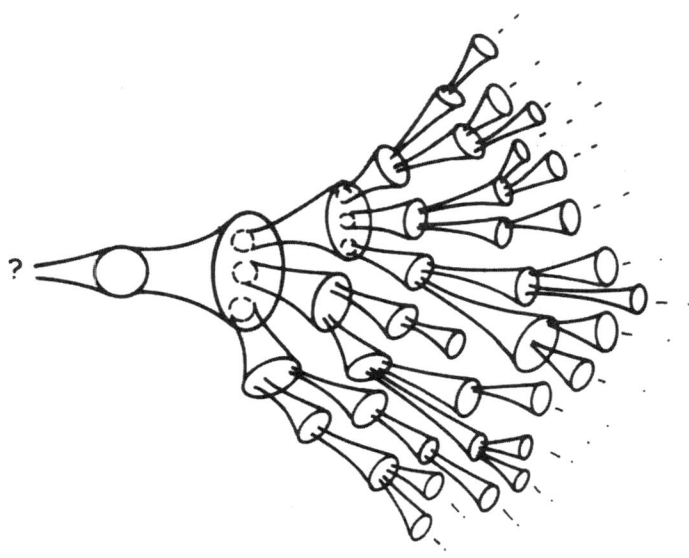

그림 5.3.
영구 급팽창. 급팽창하는 각 영역은 그 세부 영역이 급팽창할 수 있는 조건을 형성하기 때문에 급팽창은 영구적으로 진행된다.

---

inflation) 과정은 어떤 출발점이 있는 것 같지는 않다. 결국 풀리지 않는 문제점만 남겨 놓은 셈이다 그림 5.3.

혼돈스럽고 영구적인 급팽창에 대한 두 가지 시나리오는 급팽창 우주 이론으로 시간과 공간에 대한 우리의 개념을 확장할 수 있음을 뜻한다. 또한 실제 우주는 우리가 '가시 우주'라고 부르는 작은 영역보다 훨씬 광대하고 복잡하다는 것을 의미한다. 급팽창 이론이 도입되기 전에는 이러한 가능성들이 단지 형이상학적인 추론에 그쳤지만 입자 물리학 모형에 기초한 급팽창 모형의 등장은 이러한 형이상학적 논의를 초기 우주에 있었을 법한 가능한 상황으로 바꾸어 놓았다. 급팽창 이론이 제시되기 전에는 가시 우주를 그 나머지와 유사한, 평균적인 형태의 우주로 생각하는 것이 그럴듯해 보였다. 그러나 이제는 아니다.

물론 급팽창 이론이 매혹적인 가능성을 제시하기는 했지만 불확실성은 여전히 존재한다. 우리는 급팽창 이론 덕분에 우주가 어떻게 시작되었는지를 다루지 않고도 가시 우주의 특성을 이해할 수 있다. 이것은 급팽창 이론의 매우 강력한 장점이다. 다시 말해 우리는 과거에 대해 모든 것을 알지 않고도 현재를 예측할 수 있다. 그러나 단점도 있다. 같은 종류의 단점을 1장 끝부분에서 말했다. 만일 현재의 우주가 어떻게 시작되었는지에 관계없이 그 후의 어떤 과정 때문에 형성된 것이라면, 오늘날의 우주를 관측함으로써 우주의 시작을 추론할 수는 없게 된다. 바로 이것이 급팽창 모형의 단점이다. 우주의 초기 상태가 어땠든지 급팽창이 모든 흔적을 깨끗하게 지워 버렸기 때문이다.

그러나 급팽창이 일어나지 않았다면 어떻게 될까? 또는 앞에서 말한 여러 급팽창 영역 중 하나에 대해서만 초점을 맞춰 급팽창 이전의 역사를 조사한다면 어떨까? 시간을 거슬러 올라가면 무엇을 보게 될까? 물론 무한 밀도와 온도의 특이점에 이를지도 모른다. 그러나 최소한 네 종류의 서로 다른 가능성이 있고, 그 모두는 우리가 알고 있는 우주에 대한 지식과 일치한다 그림 5.4.

(1) 무한 밀도의 시작점 대신 공간, 시간, 물질 우주가 유한한 밀도로 시작되고 그 상태에서 팽창을 계속한다.
(2) 우주는 이전의 최댓값 상태(유한한 수축 상태)에서 팽창 상태로 되튕겨 나온다.
(3) 우주는 과거 영원히 지속되는 정상(定常) 상태에서 갑작스럽게 시작한다.
(4) 우주는 과거로 갈수록 점점 작아지나 0 크기에 도달하지는 않는다. 시작점은 없다.

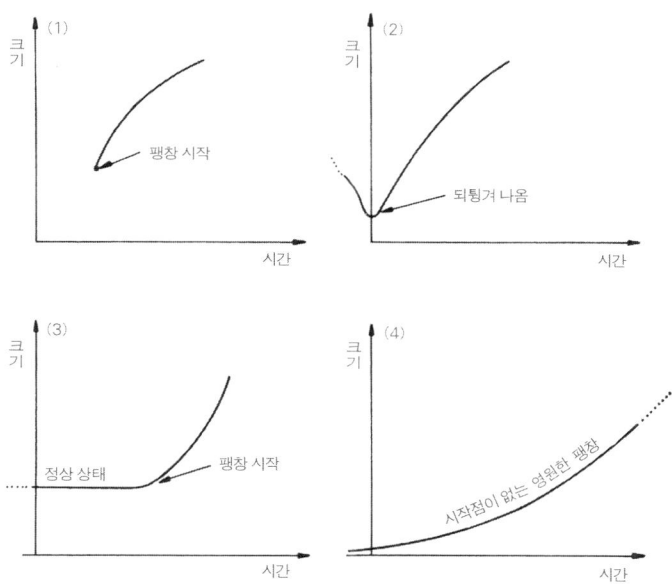

그림 5.4
우주 팽창의 시작에 관한 몇 가지 가설.

어째서 우리의 지식은 이토록 불확실한가? 어째서 우리의 이론으로 시작점이 존재하는지 안 하는지 결정할 수 있는 과거의 시간, 1초도 안 되는 짧은 시간을 설명하는 것이 이토록 어려운가?

우리는 지금까지 우주 팽창 역사에서 결정적인 몇몇 단계만을 주목해 왔다. 팽창 1초 후, 우주는 지구의 물리학으로도 설명할 수 있을 만큼 충분히 냉각되었다. 그리고 우리는 당시 남겨진, 오늘날의 이론을 확인할 수 있는 증거를 가지고 있다. 팽창이 시작된 후 10^{-11}초 지난 시점으로 돌아가 보면, 오늘날 지구상의 거대한 입자 충돌기 내에서 일어나는 상황과 비슷한 상황에 맞닥뜨리게 된다. 그 전에는 우리가 지구에서 부분적으로나마 실험할 수 있는 범위를 넘어서는 상황만이 존재했었다. 뿐만 아니라, 이러한 에너지 상태에서 적용되는 자연 법칙에 관한 지식 또한 불확실하다. 우리는 아직도 물질의 기본 입자에 대한, 그리고 그들을 제어하는 힘에 대한 완전하고 올바른 이론을 정립해 가고 있는 중이다. 따라서 그 효과가 우주 팽창 과정에서 어떻게 나타날지 또한 미지수다. 이 모든 연구는 아인슈타인의 중력 이론이 우주 팽창을 전체적으로 올바르게 기술하고 있다는 가정하에 수행되었다. 사실, 아인슈타인의 이론은 관측적인 실험을 거쳐 놀라운 성과를 거두었다. 그러나 아인슈타인의 이론이 우주 팽창이 시작되는 시점에서까지 적합한 것은 아니었다. 뉴턴의 중력 이론이 빛의 속도에 근접한 운동과 매우 강한 중력장에서의 운동을 다룰 때에는 적절하지 않은 것처럼,

아인슈타인의 이론도 적용할 수 없는 상황이 있다고 생각할 수 있다. 이러한 상황이 바로 우주 팽창 10^{-43}초 후에 직면하게 되는 상황이다. 소위 '플랑크 시간(Planck time)'에서는 우주 전체에서 양자적 불확실성이 우세하다. 또한 그 상황은 중력과 다른 세 종류의 힘을 통합하는 '만물 이론(Theory of Everything)'만이 제대로 설명할 수 있을 것이다. 만일 우주가 시작점을 갖는지 안 갖는지를 결정하고자 한다면 이 시기에 중력이 어떻게 작용하는가를 이해해야 한다. 이 중력 작용에는 물질의 양자적 측면이 발현되어 있을 것이다.

플랑크 시간의 신비성은 원자 이하의 세계에서 펼쳐지는 양자적 상황——최근 70년간 커다란 발전을 이루어 온 분야(이 책이 저술된 후 흐른 시간을 감안하면 최근 80여 년간으로 표현해야 할 것이다.——옮긴이)——을 연구함으로써 밝혀낼 수 있다. 이것은 물리학의 가장 정밀한 분야이다. 우리 주변의 기술적 발전(컴퓨터에서 엑스선 단층 촬영 기술에 이르기까지) 역시 양자 역학에 기초했다고 할 수 있다. 매우 작은 어떤 것을 관측하고자 할 때에는 관측 행위 자체가 측정하고자 하는 대상에 영향을 줄 수 있다. 그 결과 어떤 대상의 위치와 운동을 동시에 정확히 측정하는 데에는 근본적인 한계가 생긴다. 그러므로 원자 이하의 세계에서는 정확한 측정 결과나 상호 작용을 예측할 수 없게 된다. 단지 특정 대상이 관측될 **확률**만을 알 수 있다. 이와 같은 상태는 물질과 빛(보통은 미세한 입자 단위로 구성되어 있다고 생각한다.)이 특정 환경에서 나타내는 파동적 성질로 설명한다. 이러한 '입자파'는 수면 위에서 흔들리는 실제 파도보다는 감정의 파도에 비유하는 것이 더 나을 것이다. 이것은 일종의 정보의 파동인 셈이다. 만일 어떤 감정의 물결이 여러분의 이웃을 휩쓸고 지나갔다면, 그 직후에는 그들이 감정적인 행동을 하리라고 기대할 수 있다. 마찬가지로 검출기에 전자 파동이 검출되었다면 전자를 검출할 확률이 있음을 뜻한다. 양자 역학은 물질의 각 입자가 어떤 파동성을 나타내는지를 알려 주며, 그 결과 하나 혹은 또 다른 특성이 검출될 것이다.

물질을 구성하는 모든 입자는 각각의 양자적 측면과 연관된 특정 파장을 가지고 그 파장은 입자의 질량과 반비례한다. 어떤 입자가 양자적 파장보다 클 때는 양자적 성질에 따른 불확실성을 무시할 수 있다. 즉 일정 크기 이상의 대상을 다룰 때는 양자적인 불확실성을 무시할 수 있다. 예를 들어 길을 건너기 위해 자동차의 위치를 파악할 경우에는 불확실성을 고려할 필요가 없다.＊

이러한 생각을 가시 우주에 적용해 보자. 오늘날 가시 우주의 크기는 그 양자적 파장보다 매우 크다. 따라서 그 구조를 다룰 때 양자적 불확실성을 무시할 수 있다. 그러나 과거로 거슬러 올라가면 가시 우주의 크기는 점점 작아진다. 가시 우주의 크기는 우주의 나이 T에 빛의 속도를 곱한 것으로 나타낼 수 있다. 플랑크 시간, 10^{-43}초가 중요한 것은 이 시기에 가시 우주의 크기가 그 양자적 파장보다 작아져서 양자적 불확실성이 발생하기 때문이다. 양자적 불확실성이 발생하면 우리는 어떤 대상의 위치를 알 수가 없고 공간의 기하학적 구조를 결정할 수도 없다. 이것이 바로 아인슈타인의 중력 이론을 적용할 수 없는 상황이다.

이러한 상황이 존재하기 때문에 우주론 연구자들은 중력의 양자적 측면을 포함하는 새로운 중력 이론을 정립하려고 시도하게 되었다. 그리고 그 이론을 적용해 양자 우주의 가능성을 찾으려고 했다. 현재 이와 같은 과감한 탐구로부터 파생된 개념들의 일부를 탐색 중이다. 그러한 이론들은 최종 이론은 아닐 것이며, 아마

● 일반 독자들에게 물리학의 개념을 알기 쉽게 소개하는 조지 가모브의 『톰킨스 씨의 재미있는 모험(*The Amusing Adventures of Mr. Tompkins*)』은 사물의 양자적 파장이 그 물체의 실제 크기와 비슷하게 될 때 세상이 어떻게 보일까를 잘 설명해 준다. 이 책에서 수영을 하던 톰킨스 씨는 굉장히 곤란한 상황에 처한다.

도 최종 이론의 극히 일부일지도 모른다. 그러나 최종 이론이 존재한다면 최소한 우리의 우주론적 지식을 다루는 데 있어 혁신적인 형태로 존재할 것이 틀림없다.

앞에서 가시 우주로 팽창해 갈 시작점을 다룰 때 과거로 거슬러 올라가면 우주의 크기에 어떤 일이 일어날지를 설명해 주는 몇 가지 가설을 제시해 보았다그림 5.4. 일부 선택적인 경우에는 시간과 공간, 기타 모든 것이 특이점이라는 형태로 시작된다. 다른 경우에는 공간과 시간은 늘 존재해 온 것이었다. 그러나 더욱 적절한 가능성도 있다. 플랑크 시간까지 거슬러 올라가면 시간의 성질이 변한다고 가정해 보는 것이다. 이때 우주의 시작에 관한 의문은 시간의 본질 자체에 관한 질문으로 이어질 것이다.

6
시간, 그 짧은 역사

마이크로프트 형(兄)이 오고 있다.

─『브루스 파팅턴 설계도(*The Bruce-Partington Plans*)』

시간의 본질은 오랫동안 풀지 못한 수수께끼였다. 수천 년에 걸쳐 여러 문명권에서 그 문제에 도전해 왔다. 시간의 본질에 관한 질문은 다음과 같이 요약할 수 있다. 시간이란 사건이 발생하는 배경으로서 초월적이고 불변하는 것인가, 아니면 시간이 사건 그 자체인가? 이러한 구분은 매우 흥미로운 것이다. 첫 번째 가정대로라면 우리는 시간 **속**에서의 우주 탄생을 논해야 하고, 두 번째 가정에 따르면 시간을 우주와 함께 존재한 어떤 대상으로 생각해야 하기 때문이다.

만일 시간이 어떤 사건 이후 우주와 함께 탄생한 존재라면, 과거에는 시간이 존재하지 않는 경우도 있었을 것이므로 우주의 시작 '이전'이라는 개념은 생각할 수 없게 된다.

일상생활 속에서 시간은 자연계에서 일어나는 사건을 통해서 측정된다. 예컨대 지구 중력장 내에서 진자의 흔들림, 세슘의 진동 등이 그것이다. 그런데 시간을 측정하는 '방법'은 말할 수 있지만, '시간이란 무엇이다.'라고 말하기는 어렵다. 시간은 종종 사물이 변하는 방법에 따라 정의된다. 만일 이것이 올바른 방식이라면 대폭발 직후의 특수 상황에서 시간의 본질에는 어떤 비정상적인 일이 생겼을 것이라 생각할 수 있다.

뉴턴의 시대인 17세기에는 시간을 초월적인 것으로 여겼다. 시간이 흐른다는 것은 움직일 수 없는 사실이고, 시간의 흐름은 늘 일정하며, 우주 내의 사건이나 내용물의 영향을 받지 않는 것으로 생각했다. 그런데 아인슈타인의 관점은 혁신적으로 달랐다. 공간의 기하학적 구조와 시간의 흐르는 속도는 둘 다 우주 내의 물질의 양에 따라 결정된다고 했다. 아인슈타인 공간의 성질과 마찬가지로 아인슈타인 시간의 성질 또한 우주에 특별한 예외적인 법칙이 아무것도 없다는 전제하에 정립되었다. 이것은 어디에서든지, 어떻게 움직이고 있든지 같은 물리학적 실험을 실시하면 같은 물리학 법칙을 얻게 된다는 뜻이다.

아인슈타인의 일반 상대성 이론에서 관측자들을 이처럼 민주적으로 다룬다는 것은 우주에서 시간을 기술할 특별한 방법이 없음을 의미한다. 아무도 '시간'이라고 부르는 절대적 현상을 측정할 수 없다. 우리가 측정하는 것은 우주에서 일어나는 물리 현상들의 변화율일 뿐이다. 그러한 변화는 모래시계에서 모래가 떨어지는 현상일 수도 있고, 벽시계의 바늘이 움직이는 현상일 수도 있고, 수도꼭지에서 물방울이 떨어지는 현상일 수도 있다. 시간의 흐름을 정의하는 데 쓰이는 현상의 변화는 이 밖에도 셀 수 없이 많다. 예컨대 우주적 규모에서는 우주 배경 복사의 온도가 떨어지는 것을 이용해서 시간을 정의할 수도 있다. 그 어느 것도 더 근본적이거나 더 특별해 보이지 않는다.

아인슈타인의 이론에서 우주의 공간과 시간을 전체적으로 조명할 때에는 '시공간(spacetime)'이라는 개념을 이용한다. 이것을 시각화하기 위해 공간을 3차원이 아닌 2차원의 면으로 상상해 보자. 시공간은 특정 시간에서의 공간을 나타내는 2차원의 면들이 쌓여 있는 덩어리로 표현된다. 여기서 시간은 각 공간 단면을 구별

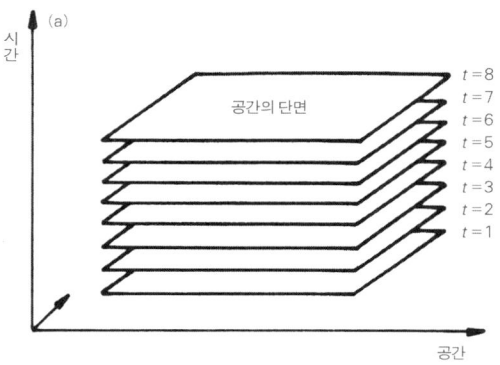

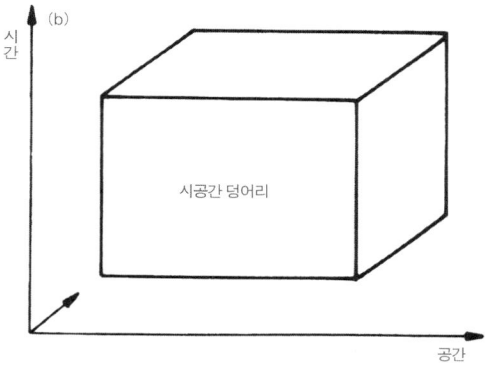

그림 6.1
(a) $t=1$에서 $t=8$까지 각각 다른 시간에 해당하는 우주 단면들의 덩어리. (b) 시공간 덩어리는 시간 단면들로 만들어졌다. 이 덩어리는 (a)의 단면들을 얻은 방법과 다른 방법으로 자를 수 있다.

짓는 이름표와 같은 역할을 한다 그림 6.1. 이러한 시공간 덩어리는 여러 가지 방법으로 얇게 자를 수 있다. 즉 각각 다른 각도로 자를 수 있다. 그 방법은 각각 다른 방식으로 시간을 정의함을 의미한다. 그러나 시공간 복합체 자체는 영향을 받지 않는다. 어떤 각도로 자르더라도 시공간 덩어리 자체가 변하는 것은 아니다. 그러므로 시공간이라는 개념은 시간과 공간을 분리해서 다루는 것보다 더 근본적인 개념이다.

시간과 공간에 대한 아인슈타인의 설명에 따르면, 시공간의 모양은 그 내부의 물질과 에너지가 결정한다고 한다. 이것은 시간이 어떤 단면의 (곡률과 같은) 기하학적 특성으로 정의될 수 있음을 의미한다 그림 6.2. 또한 시간이 각 단면의 밀도와 물질 분포의 관점에서 정의될 수 있다는 의미도 있는데, 그 이유는 공간의 곡률을 결정하는 것이 바로 단면의 밀도와 물질 분포이기 때문이다. (그림 6.2는 단순화된 모습을 보여 주고 있다.) 이렇게 해서 시작과 끝을 포함하는 시간이라는 개념을 우주의 물질 특성과 관련시킬 수 있는 가능성을 엿볼 수 있다.

이처럼 치밀한 개념을 도입해 시간의 본질을 다루었음에도 불구하고 일반 상대성 이론은 우주가 초기에 어떠했는지 설명하

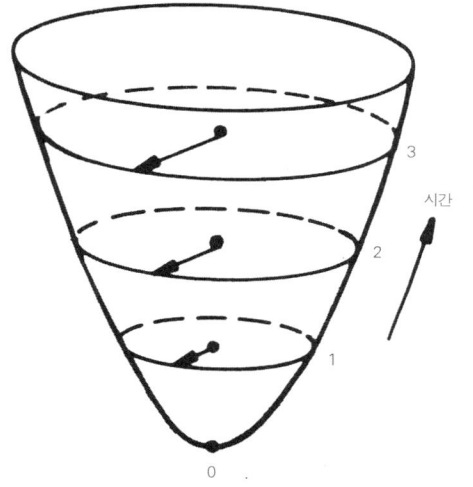

그림 6.2
돔 모양의 시공간은 위로 갈수록 반지름이 커지는 원반들로 구성된다. 각 원반의 반지름을 시간이라고 할 때, 이러한 기하학적 '시간'은 0에서 3으로 갈수록 증가한다.

지 못한다. 왜냐하면 그림 6.2와 같이 시공간 개념을 사용한다 하더라도 항상 최초의 단면에 대해 알아야 하기 때문이다. 최초의 단면이 바로 그 위에 놓인 단면의 특성을 결정하기 때문이다.

양자론에서 시간의 본질은 더 큰 수수께끼이다. 만일 시간을 우주의 또 다른 특성이라는 관점으로 정의한다면 양자적 불확실성 때문에 시간은 간접적으로 제한을 받게 될 것이다. 우주를 양자 역학 또는 양자 물리학으로 설명하려는 시도는 시간에 관한 우리의 개념에다가 비정상적인 인식을 더해 줄 것이다. 가장 비정상적인 것은 양자 우주론이 우주를 무(無)에서 창조된 것으로 기술하고 있다는 점이다.

단순한 우주 모형들──실제 세계의 양자적 특성을 무시한 모형들──에서는 우주가 과거의 특정 순간에 시작된다. 그리고 그 과거의 특정 시간은 특별한 측정법을 사용해 정의한다. 우주의 미래를 지배할 초기 조건들은 바로 그 시작점에서 규정된다. 이런 모형들은 우주의 현재 상태를 기술하는 데 사용되고는 하는데, 오늘날 우주에서는 양자 역학적 효과가 매우 작기 때문에 이것이 가능하다. 그러나 이런 단순한 모형들을 플랑크 시간쯤에 일어난 현상들에 적용하려면 시간의 정의가 양자 효과로부터 어떤 영향을 받는지 이해해야 한다.

양자 우주론에서 시간은 명백하게 드러나지 않는다. 시간이란 우주의 물질적 내용물과 그 배열로 구성된 것이다. 우리는 방정식을 이용해서 이러한 배열들이 공간이라는 하나의 단면에서 또는 다른 단면에서 어떻게 변화되는지를 기술할 수 있다. 이러한 맥락에서 보면 시간이라는 개념은 꼭 필요한 것이 아닌, 잉여 개념일 수 있다. 이것을 추시계의 상황에 비유해 보자. 시계 바늘의 위치는 따지고 보면 단지 추가 몇 번이나 흔들렸는지를 기록하는 것이다. 우리가 원하지 않는 한 '시간'이라는 개념을 굳이 언급할 필요가 없다. 마찬가지로 우주를 생각할 때 시공간 덩어리의 각 단면들을, 그 단면들을 이루고 있는 물질의 배열을 이용해서 구분할 수 있다. 그러나 양자론에 따르면 이러한 물질 분포에 대한 정보는 단지 **통계적**으로 주어질 뿐이다. 무엇인가를 가정한다고 할 때 그 가정은 '일어날 수 있는' 무한한 가능성 중 하나일 뿐이다. 양자 역학에서 제시하는 이러한 가능성들 각각은 단지 **확률**로서만 주어진다. 이러한 확률을 결정하는 정보는 '우주의 파동 함수'로 알려진 수식에 포함되어 있다. 우리는 이것을 W라고 부른다.

오늘날 우주론 연구자들은 W의 형태를 찾을 방법이 있다고 믿는다. 사실 이 방법이 막다른 골목임이 드러날 수도 있고 어쩌면 터무니없는 단순화임을 깨닫게 될지도 모른다. 그러나 낙관적으로 본다면 새로운 진실 접근법이라고 기대할 수도 있다. 이 방법은 파동 함수를 결정하기 위해 미국 물리학자 존 휠러(John A. Wheeler)

와 브라이스 드와이트(Bryce DeWitt)가 만든 방정식을 사용하는 것이다. 휠러–드와이트 방정식은 양자 역학에서 유명한 에어빈 슈뢰딩거(Erwin Schrödinger)의 방정식에 일반 상대성 이론에서 말하는 구부러진 공간의 효과를 합성한 것이다. 만일 우리가 W의 존재 형태를 알면 그 방정식에서 가시 우주를 대규모로 볼 때 어떤 형태로 보일 것인지를 확률적으로 알 수 있다. 그러한 확률을 통해 특별히 팽창하고 있으며 물질 및 복사가 많이 존재하는 거대한 우주의 존재 가능성이 압도적으로 높다는 것이 밝혀지기를 기대한다. 우리 주변의 물체들이 양자 역학적 불확정성에도 불구하고 우리가 알고 있는 정해진 성질을 가지는 것처럼 말이다. 즉 수많은 가능성 중에서 우주가 그렇게 존재할 확률이 압도적으로 큰 것이다. 만일 이론에서 얻은 값들이 관측된 상황과 잘 일치한다면(예컨대 은하단 형성 양상 또는 우주 배경 복사의 온도 변화 예측 등) 많은 우주론 연구자들은 여러 가지 확률적 우주 중에 가장 존재 확률이 높은 것이 우리 우주라고 흡족해할 것이다. 그러나 우리가 관측한 바와 같이 차갑고 밀도가 낮은 우주에서 W를 알기 위해 휠러–드와이트 방정식을 사용하려면 우주가 최고 온도와 최대 밀도를 가졌을 때, 즉 '시작' 때의 W 값을 알아야만 한다.

W 값을 다루는 데 있어서 가장 유용한 양은 변환 함수이다. 이것은 우주에서 특정한 변화가 일어날 확률을 제시해 준다. 이것을 T로 나타내면, 변환 함수는 $T[x_1, t_1 \rightarrow x_2, t_2]$로 나타낼 수 있다. 이것은 초기 시간 t_1에서 x_1 상태에 있던 것이 시간 t_2에서 x_2의 상태로 발견될 확률을 말한다. 이때 '시간'이란 우주의 상태를 나타내는 속성—예를 들어 평균 밀도—에 따라 정의된다.

비(非)양자 물리학에서 자연 법칙은 과거의 특정 상태로부터 미래의 특정 상태가 비롯되는 과정을 지배한다. 그러나 양자 물리학에서는——미국의 물리학자 리처드 파인만(Richard Feynman)이 가르쳐 주었듯이——시간과 공간 속을 지나는 모든 가능한 경로들의 적절한 평균값에 따라 미래의 상태가 결정된다. 이러한 경로들 중 하나가 비양자적 자연 법칙이 성립하는 독특한 경우이다. 우리는 이것을 '고전적 경로'라고 부른다. 어떤 상황에서는 변환 함수가 고전적 경로로 결정되며, 다른 경로들은 마치 파동의 마루와 골이 중첩되어 상쇄되듯이 서로 상쇄된다 그림 6.3.

고밀도 양자 우주에서 존재할 수 있는 모든 '시작' 상태가 오늘날과 같은 모습의 우주를 만들어 낼 수 있는가 하는 것은 중요한 문제이다. 우리 우주는 양자적 불확실성이 작고 일상생활에서 '시

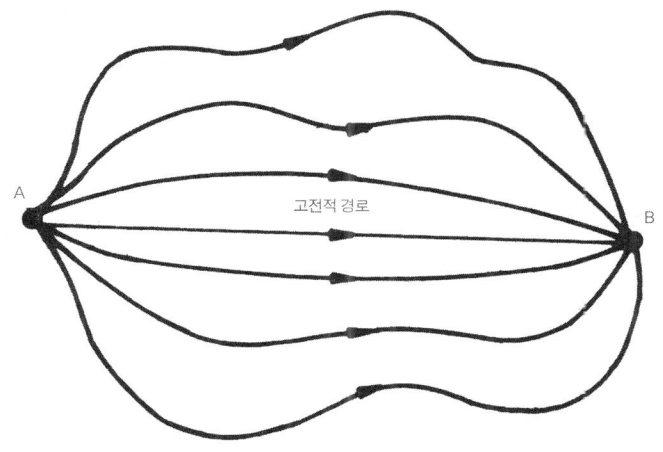

그림 6.3
A와 B 사이의 가능한 경로들. 뉴턴의 운동 법칙은 '고전적 경로'를 따라가는 경우를 기술하는 법칙이다. 양자 역학은 A에서 B까지의 모든 경로를 평균한 변환 확률을 말한다.

간의 흐름을 뚜렷하게 느낄 수 있는 우주이다. 우리 우주와 같은 우주(생명체가 존재할 수 있는 우주)가 만들어질 수 있는 조건은 매우 제한적이다. 제한적이기 때문에 우리 우주가 수많은 존재 가능한 우주 중에서 특별한 것이다.

사실 W는 시공간의 특정 단면에 해당하는 우주의 물질과 에너지 양상에 의존하면서도 '시간'이라는 이름표를 붙여 구분 지은 단면의 고유한 측면(곡률)에도 의존한다. 휠러-드와이트 방정식은 한 고유 시간값에서의 파동 함수가 또 다른 고유 시간값에서의 파동 함수의 형태와 어떤 관계가 있는지를 말해 준다. 우리가 고전적 경로 근방에 있을 때에는 보통의 고전 물리학을 약간만 수정해 파동 함수의 이와 같은 변환을 해석할 수 있다. 그러나 가장 적절한 경로가 고전적 경로에서 멀 때에는, 어떤 의미에서는 양자적 진화를 시간 '속에서' 발생하는 것으로 해석하기란 어려워진다. 즉 휠러-드와이트 방정식이 제시하는 공간 단면들이 시공간으로 쌓이지 않는다. 그럼에도 불구하고 한 상태에서 다른 상태로 진행하는 우주의 가능성을 제시해 주는 변환 함수를 찾을 수는 있다. 그래서 파동 함수의 초기 상태를 아는 것은 우주의 기원을 탐구하는 것과 양자적 의미에서 유사하다고 생각할 수 있다.

변환 함수는 우주가 한 기하학적 물질 배열에서 다른 배열로 전환할 확률을 말해 준다. 한 배열에서 다른 배열로의 이런 발달을 나타낸 것이 그림 6.4이다.

우리는 초기에 공간 단면보다는 하나의 점에서 시작하는 우주를 예상할 수 있는데, 이것은 원통형그림 6.4이 아닌 원뿔형으로 나타난다. 이것은 그림 6.5에 나타나 있다.

그런데 비양자적 우주 모형에서 특이점은 고전적 경로와 잘 맞지 않는 기묘한 존재이기 때문에 위와 같은 예상은 그다지 실제적인 것이 못 된다. 우리가 별 이유 없이 어떤 특정 초기 조건(창조 전부터 존재한 시작점으로 기술할 수밖에 없다.)을 선택한 것과 같기 때문이다.

그러므로 이제부터 혁신적인 과정을 거쳐 보고자 한다. 이러한 과정을 거쳐 물리학적으로 의미 있는 내용을 하나도 얻지 못할 수도 있음을 미리 밝혀 두겠다. 이 과정은 미학적인 원리를 따라가는 일종의 신념의 산물이라고 볼 수도 있다. 그림 6.4와 6.5를 보자. 초기 조건 g_1이 어떻게 g_2의 원통 바닥(혹은 원뿔)에 해당하는 공간과 관련되어 있는지에 주목하라. 어쩌면 g_1과 g_2의 경계를 잘 연결하면 그림 6.6에서 보는 것처럼 성가신 특이점이 없는, 단순하고 균일한 공간을 이룰 수도 있다.

우리는 공의 표면과 같이 간단한 2차원 공간의 예를 알고 있다. 그것은 원뿔의 피크에 해당되는 그 어떤 특이점도 없고 균질하다. 그래서 4차원 시공간의 전체 경계는 g_1과 g_2 같은 게 아니라 단순하고 균질한 3차원 표면이라고 생각할 수 있다. 이것은 마치 4차원 공간에 존재하는 공의 표면과 같은 것이다. 공의 표면은 유한한 크기를 가지지만 가장자리가 없다는 매우 흥미로운 특징을 가진다. 이러한 표면은 유한한 면적을 가지지만(그 면에 페인트칠을 한다면 유한한 양의 페인트가 필요할 것이다.), 그 위에서 움직일 때에는 가장자리에서 떨어지거나 원뿔의 정점과 같은 날카로운 면에 도달하는 일은 없을 것이다. 공 표면에 거주하는 이들이 있다면, 최소한 그들이 생각하기에 공의 표면은 경계가 '없다'. 비슷한 상황이 우주의 초기 상태에도 있었음을 상상할 수 있다. 그러나 (이제 혁신적 단계

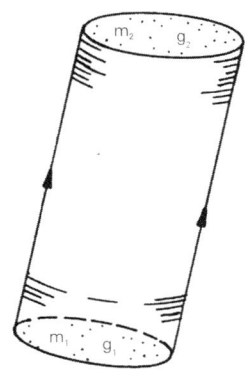

그림 6.4
g_1과 g_2, m_1과 m_2로 표시된 물질을 포함하는 두 개의 3차원 공간이 경계를 이루고 있는 시공간 경로. 여기서는 3차원 원통의 2차원적 양끝이 경계 영역이다.

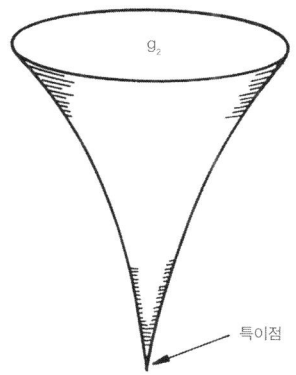

그림 6.5
휘어진 공간 g_2와 초기의 한 점으로 경계가 이루어진 시공간의 경로.

에 들어선다.) 우리가 예로 든 공은 3차원 공간과 2차원 표면을 가졌다. 양자 기하학에서는 4차원 **공간**(4차원 **시공간**이 **아니다**. 그것은 실제 우주가 존재하는 형태다.)과 3차원 표면이 필요하다. 그래서 1983년에 호킹과 미국의 물리학자 제임스 하틀(James Hartle)은 시간에 대한 보통의 개념을 초월하는 양자 우주론적 체계를 제안하게 된다. 그들은 시간을 또 다른 차원의 공간으로 보자고 했다.

이것은 그렇게 불가사의한 이야기는 아니다. 왜냐하면 물리

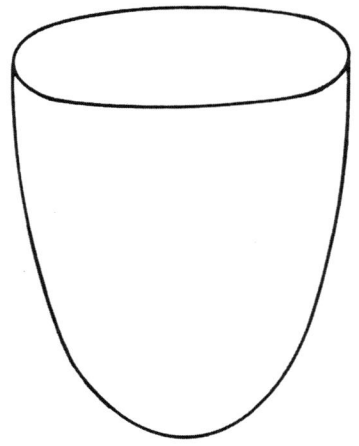

그림 6.6
경계가 완만하게 굴곡이 진 경로, 한 개의 3차원 공간으로 구성되고 그림 6.5와 같은 정점은 없다. 이것은 무로부터 창조된 우주로 해석될 만한 변환 확률을 준다.

학자들은 양자 역학에서 어떤 문제를 풀 때 **실제로** 시간을 공간으로 바꾸는 방법을 종종 사용했기 때문이다. 계산 과정의 최종 단계에서는 1차원 시간과 (질적으로 다른) 3차원 공간의 상태로 결과를 환산한다. 이것은 마치 일시적으로 다른 언어를 사용하는 것과 비슷하다.

이제 어느 한 순간을 고정시켜 보자. 이렇게 시간 개념을 공간 개념으로 전환할 때 가장 흥미로운 것 중 하나는 이러한 상황을 적절하게 말로 표현하는 것이 어렵다는 것이다. 호킹이 1988년에 저술한 『시간의 역사(A Brief History of Time)』는 그 첫 번째 시도였다. 과학의 대중화란 복잡한 수학적 개념을 단순하고 시각화된 형상이나 비유로 설명하는 것을 뜻한다. 저자들은 종종 기본 입자들 간의 상호 작용을 당구공 사이의 충돌에, 혹은 원자를 작은 태양계 등에 비유하고는 한다. 사실 19세기 말 물리적 현상의 기계적 표현을 주장하던 일부 프랑스 수학자들은 구르는 공, 바퀴, 철사 조각으로 이를 완벽하게 표현해 냈다. 대중은 우주의 신비스러운 작용과 일상 경험에서 일어나는 사건을 간단한 비유로 연결해 주면 쉽게 이해한다. 그러나 시간이 공간의 또 다른 차원이 된다는 개념은 그럴듯한 비유를 찾아내기 어려워 보인다. 우리는 다음과 같은 문구를 읽을 수 있다. "시간은 공간의 또 다른 차원이 된다." 각 단어의 뜻을 모두 알지만 진짜 의미는 이해하기 어렵다. 이와 같은 비유의 빈약함은 『시간의 역사』가 그토록 어려운 이유 중 하나일 것이다. 우리는 우주 구조의 심오한 면 — 기본 입자 등 미시 세계의 심연 또는 은하의 블랙홀 등 거시 세계의 심연 — 을 간단한 비유로 설명할 수 있기를 기대하지만 아마도 그렇게 하지 못할 것이다. 사실 비유의 부족은 우리가 기존의 익숙한 개념만 가지고 노는 게 아니라 실제의 사실에 직접 부딪히고 있음을 알려 주는 좋은 징표이기도 하다.

시간에 대한 양자적 접근의 혁신적 특성은 대폭발과 같은 양자 중력적 환경에서는 시간을 실제로 공간과 **같은** 존재로 다룬다는 것이다. 우주의 시작에서 멀어질수록 양자 효과가 마치 파동의 마루와 골이 만나는 것처럼 상쇄될 것으로 기대된다. 그리고 우주는 점점 더 고전적 경로에 가까워질 것이다. 공간과 질적으로 구별되는 시간의 전통적 특성은 플랑크 시간이 지난 직후 구조화되기 시작한다. 역으로 우리가 시작점으로 향해 시간을 거슬러 올라가면 시간의 전통적 특성은 와해되고, 시간은 공간과 구별하기 어렵게 변해 버린다.

이처럼 시간이 존재하지 않는 양자적 우주의 초기 상태에서는 특이점이 생기는 것을 피할 수 있다. 하틀과 호킹이 제안한 이 초기 상태를 '비경계 조건(no-boundary condition)'이라고 한다. 비경계 조건에서는, 유일하고 유한하며 균질한 경계를 가지고 있는 4차원 공간에서 제한적인 변환의 평균값이 우주의 파동 함수를 결정한다.

　이러한 과정에서 얻어지는 변환 확률에서는 초기 상태 이전의 상태란 존재하지 않는다. 그래서 비경계 조건은 종종 '무(無)로부터의 창조'를 요구하는 것으로 묘사되는데, T'에 따르면 무로부터 창조된 우주가 가능하기 때문이다. '시간의 공간으로의 전환' 이론의 결과, 창조의 순간이나 지점은 사라지게 된다.

　양자적 시초를 이렇게 보게 되면 우리가 '0' 시간이라고 부르는 시간으로 거슬러 올라감에 따라 시간의 개념이 희미해지고 결국은 존재하지 않게 됨을 뜻한다. 이런 유형의 양자적 우주가 항상 존재해 왔던 것은 아니다. 더구나 비양자적 우주에서의 특이점과 마찬가지로 이것도 생겨난 것이다. 물리적 양들이 무한하고 그 밖의 초기 조건들이 정해질 필요가 있는 대폭발과 함께 시작하는 것도 아니다. 결국 특이한 대폭발 창조도 양자적 창조도 우주가 무엇으로부터, 왜 창조되었는가에 대해서는 아무런 정보도 주지 않는다.

　하틀-호킹의 제안이 혁신적이었다는 것을 다시 한번 강조할 필요가 있다. 제안은 두 가지 내용이었다. 첫째는 '시간의 공간으로의 전환'이고 둘째는 비경계 조건이다. 이들은 우주의 상태를 규정하고 있다. 그리고 이 우주의 상태에는 초기 조건과 자연 법칙의

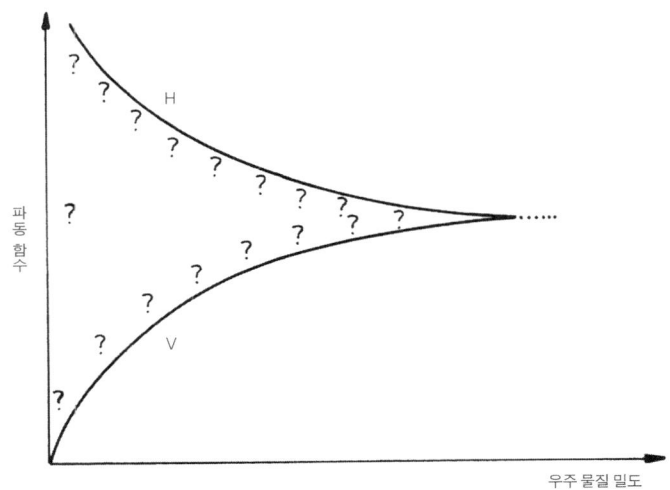

그림 6.7
우주의 물질 밀도와 우주의 파동 함수의 관계. 파동 함수의 값이 높은 곳이 발생 확률이 높다. 하틀-호킹 조건을 따를 경우(H)와 빌렝킨의 조건을 따를 경우(V)가 표시되어 있다. 물음표 사이 영역에서는 우주가 다른 식의 상태를 취할 수도 있다. 이 이론은 고밀도에서는 적합하지 않다(점선으로 표시).

전통적인 역할이 포함되어 있다. 그런데 사람들은 첫 번째 제안에는 다수가 동의하는 반면, 무로부터의 우주 창조라는 결론으로 이끄는 조건, 즉 비경계 조건을 대신할 대안을 찾으려 한다.

그림 6.7에는 비경계 조건이 사용된 경우와 미국 물리학자 알렉스 빌렝킨(Alex Vilenkin)이 제안한 또 다른 경계 조건이 사용된 경우의 우주 밀도와 우주의 파동 함수 W의 관계가 나타나 있다. 두 경우는 아주 다르다. 큰 W 값은 확률이 높음을 뜻한다. 비경계 조건을 따를 경우, 우주가 높은 밀도로 존재하는 것은 매우 불가능하지만 빌렝킨 조건을 따를 경우에는 가능하다. 비경계 조건의 비판자들 일부는 초기 우주가 급팽창을 수행할 만큼 밀도나 온도가 높지 않은 것 같다고 말한다.

우주의 파동 함수 연구는 겨우 유년기에 들어섰다. 이론이 완전히 정립되기 전까지 많은 개념이 여러 가지 방식으로 바뀔 것이다. 비경계 조건도 불완전한 면이 있다. 여기에서는 은하가 형성되는 데 필요한 작은 비균질성이 도출되지 않는다. 이런 점들은 우주의 물질장에 대한 정보와 그들이 어떻게 분포하는가에 대한 정보로 보완될 것이다. 이 이론들은 옳을 수도 있고 일부만 옳을 수도 있다. 심지어 틀릴 수도 있다. 비관주의자들은 우주가 양자적 기원의 흔적을 전혀 남기지 않고 만들어졌을 수도 있기 때문에, 혹은 오늘날 관측할 만한 충분한 증거가 없기 때문에 결코 알 수 없을 것이라고도 한다. 이것은 급팽창의 작용 때문일 것이다.

여기서 얻은 중요한 교훈은 우주의 진화에 대한 기존의 사고 방식(변화가 초기 조건에 좌우되고 법칙의 지배를 받는 우주)을 확대 적용하는 것이 잘못되었을 수도 있다는 것이다. 우주 진화에 대한 우리의 사고 방식은 양자 중력적 효과가 매우 작은 자연 영역에서 얻은 경험을 바탕으로 한 제한된 것일 수도 있다. 비경계 조건과 그 경쟁 조건들은 부분적으로는 단순성 때문에 혹은 계산이 가능하기 때문에 선택되었다고 볼 수 있다. 우리가 아는 한 양자 우주론 논리 자체가 이러한 조건들을 필수적으로 요구하지는 않기 때문이다.

초기 조건이 자연 법칙에 독립적이라는 시각은 우주의 초기 상태를 연구하면서 재평가될 것이다. 만일 우주가 유일하다면—그것이 논리적으로 가능한 유일한 우주이기 때문에—초기 조건도 유일한 자연 법칙이 될 것이다. 한편 우리가 수많은 가능한 우주가 있다고 믿는다면—실제 많은 다른 우주가 **있을** 것이다.—초기 조건이 어떤 특별한 상태일 필요는 없다. 그것들은 어디에서나 현실화될 수 있다.

초기 조건은 신학자들을 위한 것이고, 변화의 법칙은 물리학자들을 위한 것이라는 전통적 관념은 문제의 초점을 흐린다. 적어도 일시적으로는 그렇다. 우주론 연구자들은 초기 조건의 '법칙'

이 존재하는지 발견하기 위해 초기 조건의 연구로 주의를 돌렸다. 비경계 조건은 가능한 하나의 예일 뿐이다. 이러한 제안은 혁신적이지만 충분하지는 않다. 현대 양자 우주론에서 제시한 많은 개념 ─무로부터의 창조, 우주와 함께 시간이 생겨난 것─이 우주에 대한 전통적인 이미지나 중세 신학자들이 좋아할 만한 개념에서 크게 벗어나지 않고 있음은 걱정스럽다. 실제로 현대 우주론의 많은 개념이 전통적 철학이나 신학이 제시한 개념들에서 크게 벗어나지 않은 것처럼 보인다. 다른 점이 있다면 현대의 개념들은 수학적 형식을 빌렸다는 것이다. 하틀과 호킹의 '시간의 공간으로의 전환' 개념은 전통적 철학이나 신학의 흔적을 찾아볼 수 없는 우주론의 혁신적 요소이다. 우주의 실체가 드러나면 드러날수록 아마도 앞으로 많은 전통적 인식이나 개념을 버려야 할 것이다.

일부 우주론 연구자들이 우주의 기원에 대해 확신을 가지고 이야기를 하지만(「무(無)로부터의 우주 창조(The Creation of the Universe out of Nothing)」라는 연구 논문으로도 출판되었다.) 우리는 신중해야 한다. 이러한 이론들을 설명하기에 앞서 여기서 말하는 '무'의 개념이 일상생활에서 쓰는 '무'의 개념보다 더 많은 것을 내포하고 있음을 가정할 필요가 있다. 우주가 생길 때부터 자연 법칙(우리의 논의에서는 휠러-드와이트 방정식), 에너지, 질량, 기하학적 형태 등이 편재해야 하며, 물론 이들의 버팀목이라고 할 수 있는 수학과 논리 등이 세계에 편재해야 한다. 또한 우주에 대한 완벽한 설명이 채택되고 유지되기 전까지는 우주에 합리적 하부 구조가 있다고 생각해야 한다. 현대 신학자들이 우주에서 신의 역할을 강조하는 것은 이러한 합리성을 전제로 한다. 그들은 신을 단순히 우주 팽창의 위대한 생산자로만 규정하고 있지는 않는다.

우주의 존재를 **절대적 무**의 결과로 설명하려는 과학적 시도는 '세상에 공짜란 없다.'는 우리의 뿌리 깊은 의식에 어긋난다. 비과학자들은 우리가 무에서 무엇을 만들 수 없음을 당연하게 여긴다. 만일 우주가 존재하게 된 것에 대해 과학적 설명을 하려고 하면 즉각 무에서 무엇을 얻는다는 것은 말도 안 된다는 반박을 들을 것이다. 우주는 에너지, 각속도, 전하를 가진 존재로서, 무로부터의 창조는 이런 양들을 보존하는 자연 법칙에 위배되는 일이며 이러한 법칙의 산물일 수가 없기 때문이라는 것이다.

이러한 반박은 우주 자체의 에너지, 각운동량, 전하가 실제로 어떠한지를 탐구하기 전까지는 상당히 설득력이 있었다. 우주 자체가 각운동량을 가지고 있다면 큰 규모로 볼 때 팽창은 회전을 포함하고 있을 것이다. 가장 먼 은하는 하늘을 **가로질러** 움직이면서 후퇴할 것이다. 비록 이러한 횡적 운동이 관측하기에 너무 느리다고 해도 다른 지표를 통해 감지할 수 있을 것이다. 지구의 회전은 극지 쪽을 약간 평평하게 만들었다. 비슷한 현상이 우주 회전에서도 일어날 것이다. 가령 우주가 회전한다면 우주 배경 복사는 회전축 방향에서 가장 온도가 높고 회전축의 직각 방향에서 가장 온도가 낮아야 한다. 그러나 모든 방향에서 10만분의 1 범위로 복사 온도가 같다는 사실은 우주가 팽창률보다 천천히, 10^{12}배 이상 천천히 회전한다는 것을 뜻한다. 이러한 비율은 알짜 회전이 **0**이고 각운동량이 **0**이라고 해도 좋을 만큼 적은 양이다.

또한 우주가 최종 전하량을 갖는다는 증거도 없다. 어떤 우주적 구조가 전하를 띤다면 그 구조들 사이의 불균형과 그 구조들 내부의 양성자와 전자 수의 불균형은 우주 팽창에 극적인 효과를 줄 것이다. 전기력이 중력보다 강하기 때문이다. 사실 아인슈타인의 일반 상대성 이론의 놀라운 성과는 '닫힌' 우주——미래의 특이점을 향해 수축할 우주——는 총 전하량이 **0이어야 함**을 밝힌 것이다. 즉 모든 물질이 가진 각 전하가 서로 상쇄되어 전체적으로 0이 되어야만 한다.

그러면 우주의 에너지는 어떠한가? 보통 무에서의 창조는 있을 수 없다는 데 대한 가장 직관적이고 흔한 반례로 우주의 에너지를 든다. 그런데 놀랍게도 우주가 닫혀 있다면 총에너지는 0이 될 것이다. 그 이유는 아인슈타인의 식 $E=mc^2$ 때문이다. 질량과 에너지는 상호 변환이 가능하고, 질량이나 에너지를 따로 생각하는 것보다는 **질량-에너지** 보존으로 생각해야 한다. 중요한 점은 질량의 다른 형태인 에너지가 양(+)의 값에서 음(-)의 값까지 변한다는 것이다. 만일 닫힌 우주에 질량이 더해지면 총 질량-에너지에 양(+)의 값으로 작용한다. 그러나 그 질량은 또한 상호 간에 중력을 유발한다. 이 힘은 음(-)의 에너지와 같으며 우리는 이것을 포텐셜 에너지(잠재적 에너지, 또는 위치 에너지)라고 부른다. 공을 손에 쥐고 있으면 공은 포텐셜 에너지를 가지고 있다. 공이 땅으로 떨어지면 그에 상응해서 양(+)의 운동 에너지가 생긴다. 중력의 법칙은 우주 물질 사이의 중력으로 생긴 음(-)의 포텐셜 에너지가 각각의 질량에 연관된 mc^2 에너지의 합계에 대해 항상 크기는 같고 효과는 반대여야 함을 보여 준다. 에너지의 총합은 늘 0이다!

놀라운 결과다. 무로부터의 창조를 반증할 만한 세 가지 보존량의 우주 전체적 값이 늘 0이다. 이것의 완전한 의미는 아직 분명하지 않다. 그러나 자연의 보존 법칙이 무로부터의 우주 탄생을 막는 것 같지는 않다. 오히려 자연의 법칙은 창조 과정을 잘 기술하고 있는 것 같다.

무로부터의 창조에 대한 과학적 분기(ramification)의 토론을 마무리하기 위해 우주가 시간과 공간의 특이점에서 시작되었다는 개념으로 돌아가 보자. 양자 우주론의 비경계 조건은 이러한 격변적인 시작을 필요로 하지 않으므로 지금까지도 우주론 연구자들 사이에서 인기 있는 이론이다. 그러나 양자 우주론의 많은 연구가 밀도가 무한의 값을 가지는 태초의 특이점을 피하려는 데서 시작되었다는 점을 신중하게 생각해야 한다. 그래서 양자 우주론은 특이점을 피할 수 있는 경우에만 초점을 두려는 경향이 있다. 특이점에서 시작된 전통적인 대폭발 우주 역시 절대적인 무로부터의 창조임을 주목하자. 여기서는 우주가 창조된 이유도 없고 우주 형성에 대한 어떤 제약도 없다. 그 전의 시간도 없고 그 전의 공간도 없고 그 전의 물질도 없다. 그래서 양자론에 입각해서 우주 탄생을 연구하는 사람들은 무작위적인 양자 상태에서 태어난, 존재 확률이 높은 우주란 어떤 우주인가를 탐구하다 보면, 우리 우주가 왜 그렇게 많은 비정상적 성질들을 가지게 되었는지를 설명할 수 있게 되기를 바라고 있다. 그런데 유감스럽게도 이러한 비정상적 성질의 많은 부분이 급팽창 이후에 비롯되었다. 그런데 이 급팽창을 일으킬 수 있는 초기 양자 상태의 범위는 상당히 넓다.

7
미궁 속으로

이건 아주 오래전부터 계획된 일이네. 왓슨.
—『실버 블레이즈(*Silver Blaze*)』

아주 하찮은 것에서 중요한 것까지 우리 주변에 있는 모든 것은 나름대로의 밀도와 굳기를 가지고 있는데, 이것은 우주의 틀을 이루는 변하지 않는 어떤 성질의 영향 때문이다. 이러한 불변의 성질들을 '자연 상수(constant of nature)'라고 부른다. 예를 들어 중력의 세기, 물질의 기본 입자의 질량, 전기력과 자기력의 세기, 진공을 진행하는 빛의 속도 등은 변하지 않는 고정된 값을 가지고 있다. 이러한 것들은 자연계의 다른 상수로 표현할 수 없는 고유한 것으로서 기본 상수라고 한다. 이러한 상수의 대부분은 정확한 측정이 가능하다. 그 수치들은 우리 우주를, 우리와 같은 물리학 법칙을 따르는 다른 우주들과 구별해 주는 요소들이다. 그러나 이러한 상수들이 우리 자연계의 법칙에 포함되어 있지만 본질적으로는 그 상수들 자체가 우주의 구조에 얽힌 불가사의의 근원이기도 하다. **왜** 그 상수들은 그런 특정한 수치를 가질까? 그러므로 기본 상수를 예측하거나 설명할 수 있는 물리학 이론을 완벽하게 수립하는 것은 물리학자들의 꿈이었다. 여러 위대한 학자가 이를 시도했으나 모두 실패했다.

그런데 최근 양자론에 입각해서 우주를 어떻게 기술할 것인가를 연구하는 과정에서 뜻하지 않게 자연 상수를 설명할 수 있는 방법이 발견되었다. 우주의 파동 함수를 탐구하려는 생각은 제임스 하틀과 스티븐 호킹이 처음으로 제시했는데, 이것의 일반적인 개념은 우주가 양자적 속성이 극명하게 드러나는 극단적 밀도 상황에 있을 때에는 우주를 4차원의 공처럼 생각할 수 있다는 것이었다. 그런데 몇몇 우주론 연구자는 이러한 4차원 공의 표면이 균질하지 않다면 어떻게 되겠는가 하는 의문을 갖기 시작했다. 표면의 한 부분과 다른 부분을 연결하는 관 같은 통로가 있다고 생각해

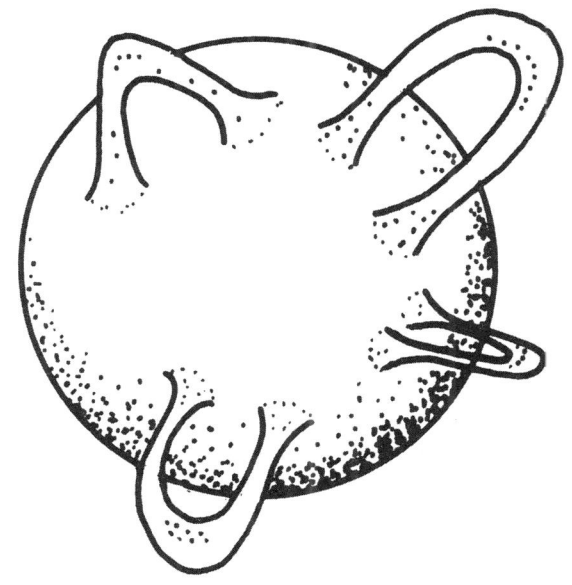

그림 7.1
웜홀로 연결된 공간.

보자그림 7.1. 이처럼 관 같은 통로로 연결된 것을 '웜홀(wormhole, 벌레구멍)'이라고 부른다. 웜홀은 다른 방법으로는 서로 이어질 수 없는 시공간 영역들을 연결한다.

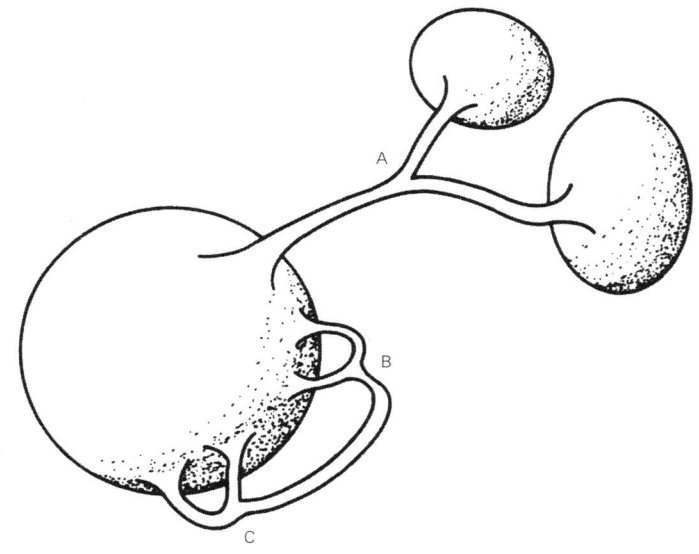

그림 7.2
희박한 웜홀 근사법을 적용할 수 없는 웜홀 망. 여기서 웜홀은 '부모 우주'로부터 나왔다가 중간에서 분리되어 두 개의 '아기 우주'와 연결되기도 하고(A) 다른 웜홀(B, C)을 서로 연결하기도 한다.

이러한 개념이 제시된 것은 다음과 같은 몇 가지 이유 때문이다. 첫째는 물리학자들이 자연계의 수수께끼를 설명하기 위해서 우리가 알고 있는 우주의 상황을 수정해 가는 경향을 가지고 있기

때문이다. 그러나 피할 수 없는 또 다른 이유가 있었다. 플랑크 시간(10^{-43}초)에, 그리고 그 직전에 시공간의 상태는 한마디로 양자 불확정성이 우세하게 나타나는 난류 거품(turbulent foam)의 상태였다고 할 수 있다. 웜홀의 지름은 당시까지 빛이 여행한 거리(약 10^{-33}센티미터)와 같은데, 이러한 혼돈 상태에서 웜홀의 존재는 혼란스러우면서도 상호 연관되어 있었던 공간 상황을 보여 준다.

당시의 공간은 여러 개의 영역으로 구성되어 있었으며, 각 영역들은 웜홀로 연결되어 있었다. 그림 7.2는 상호 연결된 몇 개의 '아기 우주'가 존재하는 상황을 보여 준다.

이와 같은 상황에서 무슨 일이 생기는가를 이해하기 위해 여러 웜홀 연결 형태 중에서 가장 간단한 형태를 생각해 보자. 웜홀이 우주와 아기 우주만을 연결한다고 가정해 보자. 이러한 단순화는 '희박한 웜홀 근사법(dilute wormhole approximation)'이라고 불린다. 이것은 기체의 행동을 기술할 때 밀도가 낮은 상태로 근사시켜 다루는 것과 비교할 만하다. 이는 기체 분자가 충돌 과정에 있는 시간보다 충돌과 충돌 사이에 있는 시간이 더 긴 경우이다. 그렇지 않을 경우——즉 기체가 액체로 응집되는 경우——기체의 상호 작용은 더욱 강해져 이러한 단순화가 맥을 쓸 수 없게 된다. 따라서

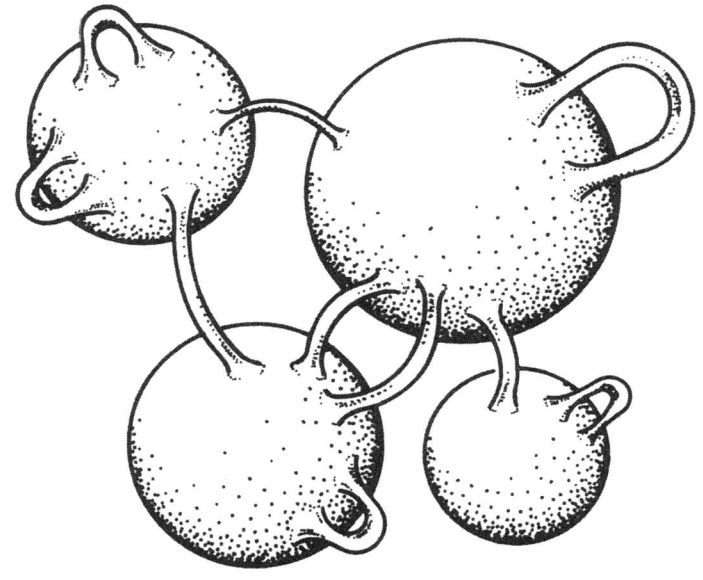

그림 7.3
웜홀로 연결된 몇 개의 아기 우주. 그들 자신과 연결된 웜홀을 포함하고 있다. 이 웜홀들은 다른 웜홀과 연결되어 있지 않다. 또 두 개 이상의 웜홀로 나뉘지도 않는다. 이러한 상태를 '희박한 웜홀 근사'라고 부른다.

희박한 웜홀 근사법은 아기 우주들 사이에 있을 상호 작용의 유형을 단순화하는 것이라고 할 수 있다. 웜홀은 큰 규모의 균질한 영

역들을 연결하며 두 개의 관으로 분리되거나 다른 웜홀들과 겹치지 않는다고 가정한다_그림 7.3_.

만일 이 단순화가 그저 일반화를 위한 일반화에 불과한 것이라면 나름 보기 좋기는 하지만 그 이상의 어떤 성과를 낼 수는 없을 것이다. 그러나 이러한 웜홀 도식은 그렇지는 않다. 일반화 이상의 것이 있었다. 우주의 어떤 영역에 존재하는 상수를 그 영역에 연결된 요동하는 웜홀의 연결망이 결정했기 때문이다. 그러나 웜홀의 연결 자체가 양자 불확정성의 모든 속성을 가지고 있기 때문에 상수들은 정확하게 결정될 수 없고, 단지 통계적으로만 결정될 수 있다.

연구 대상이 되는 상수들 중에서 가장 단순한 상수는 유명한 '우주 상수'이다. 아인슈타인이 일반 상대성 이론에서 정적인 우주 모형을 세우기 위해 도입했다가 나중에 버린 바로 그 상수이다. 우주 상수는 물질들 사이에 인력으로 작용하는 중력에 대해 척력의 힘을 생성하는 요소이다. 비록 우주론 연구자들이 일반적으로 그렇게 하듯이 중력 법칙을 다룰 때 이러한 가능성은 무시하지만, 어째서 우주 상수가 아인슈타인 방정식에서 나타나지 않는가 하는 이유는 밝혀지지 않았다. 우주 상수가 비록 우주 팽창을 멈추게

할 수는 없지만 우주 팽창률을 바꿀 수는 있을 것이다. 우주 팽창률을 관측한 결과 우주 상수가 만약 있다면 놀라울 만큼 작을 것임이 밝혀졌다. 숫자로 표현하면 10^{-120}보다 작을 것이다. 이 수치는 너무 작아서 그것을 0이라 하고 다루는 자연 법칙들도 무리가 없어 보인다. 그러나 초기 우주의 에너지장과 기본 입자의 행동을 연구한 결과, 그와는 반대 현상이 일어났다. 이 연구가 우주 상수가 존재할 것을 단순히 예측하고 있는 것만은 아니었다. 우주 상수의 크기가 커야만 함을 예측하고 있었다. 오늘날 관측되는 팽창률에서 구한 값보다 아마도 10^{120}배는 커야 한다.

1988년에 미국 물리학자 시드니 콜먼(Sidney Coleman)이 놀라운 발견을 했다. 만일 우주가 중력에 우주 상수를 더해 시작되었다면, 웜홀의 효과는 양자적 확정성 수준에서 반중력 효과를 상쇄할 만한 힘을 생성했을 것이라는 사실이다. 웜홀의 요동 때문에 아기 우주가 (오늘날의 가시 우주만큼) 성장할 확률은 우주 상수가 0인 상태에서 압도적으로 보인다는 것이다 그림 7.4.

이러한 성질은 전자의 질량이나 전하와 같은 0이 아닌 다른 자연 상수를 예측하는 데까지 확장되지는 않았다. 그러나 콜먼의 발견은 이러한 예측과 해석이 가능함을 시사한다. 오늘날 우주에

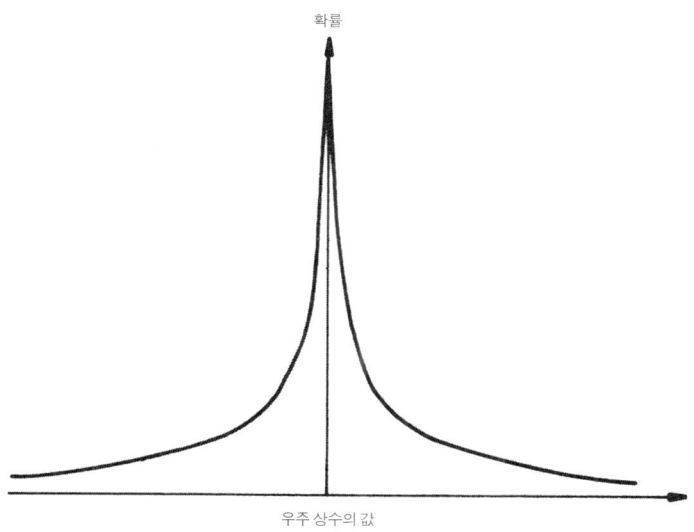

그림 7.4
웜홀의 요동이 있을 때 우주 상수가 어떤 특정 값을 가질 확률의 변화를 나타낸 그래프. 0 주변에서 날카로운 피크를 보인다.

서 전자기력의 세기 같은 기본 상수의 확률 분포를 계산할 수 있다면 그 결과는 그림 7.5 중 하나일 것이다.

첫 번째는 상수가 어떤 값이든 가질 수 있는 경우이다. 이 경우 웜홀 이론은 관측된 상숫값과 충돌할 만한 예측을 내놓지 않는

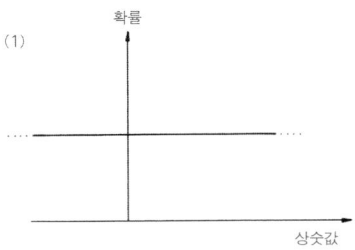

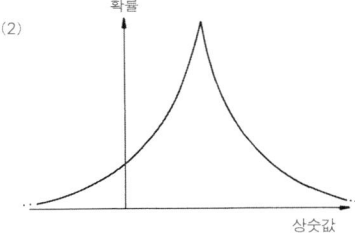

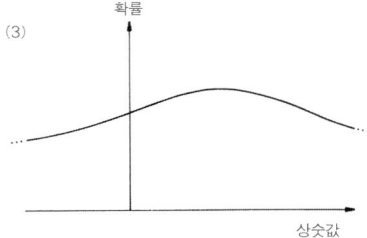

그림 7.5
웜홀 이론으로부터 도출된 자연 상숫값의 확률 분포가 취할 수 있는 세 가지 가능성. (1) 모든 값이 같다. (2) 한 개의 값만 분명하다. (3) 여러 값이 가능하며 피크는 없다.

다. 두 번째 경우, 그래프에서 피크에 해당하는 값이 상숫값일 확률이 압도적으로 높다. 대부분의 우주론 연구자들은 이런 피크를 우리가 관측하는 상황이라고 해석한다. 왜냐하면 그것이 가장 가능성 있는 것으로 인정되기 때문이다. 만일 뉴턴 중력 상수의 기댓값의 확률 분포가 관측값 근처에서 피크에 이르렀다면 이것을 웜홀 이론의 놀라운 성공으로 받아들일 것이다. 또한 자연 상수의 관측을 플랑크 시간 전의 양자 중력 이론을 탐사하는 데 사용할 수 있게 된다. 유감스럽게도 이론으로부터 이러한 예측을 얻어 내기에는 너무 어렵다는 것이 밝혀졌다.

우리가 살펴본 바와 같이 많은 물리학자가 중력, 전기력, 자기력, 방사성 활동, 핵물리에 대한 우리의 지식을 통합할 수 있는 자연 법칙이 존재한다고 믿고 있다. 자연 법칙의 이러한 통합된 표현은 '만물 이론'이라고 부르며 물리학자들은 자연 상수들이 논리적으로 일치하는 유일한 값을 갖기를 희망한다. 만물 이론을 확립한다면 기본 상수를 알 수 있을 것이다. 기본 상수는 만물 이론의 마지막 시험대가 될 것이다. 그러나 만물 이론이 '아기 우주'와 '부모 우주'에서 각각 자연 상수의 초깃값을 결정하더라도 그들 사이의 웜홀 연결은 그 상수에 예측할 수 없는 변동을 일으킬 것이다.

그러므로 측정된 값은 주어진 **초깃값**(ab initio)에서 멀어질 것이다. 결국 오늘날의 관측값은 만물 이론에서 주어진 값과 일치할 필요는 없다.

이제 그림 7.5의 나머지 세 번째 경우를 생각해 보자. (3)에서 확률은 상숫값의 가능 범위에 걸쳐 분포하고 있다. 가장 존재 확률이 높은 값이 존재한다. 그러나 단지 그뿐이다. 이것은 여러 종류의 질문을 불러일으킨다. 우리 우주에 대한 관측 결과와 가장 존재 확률이 높은 것으로 예측된 우주를 비교하면 어떻게 될까? 우리는 우리 우주가 양자적 의미에서 '가장 확률이 큰' 우주에 속한다고 기대할 수 있는가? **아니라면** 우리는 우리 우주가 가장 존재 확률이 큰 우주에 속해 있지 않은 이유에 대해 논해야 한다.

첫 번째 장에서 우리는 우주 팽창의 개념을 도입하고, 이러한 우주의 나이가 어떻게 관측자의 진화와 관련되어 있는지 살펴보았다. 나이 든 우주는 복합체의 진화에 필요한, 헬륨보다 무거운 기본 원소를 생성하는 별을 생성할 필요가 있다. 이와 유사하게 우리와 같은 관측자(심지어 우리와 다른 관측자까지도)의 존재가 자연 상수가 우리가 관측한 것과 비슷해야만 한다는 것을 의미하는 이유를 생각해 볼 수 있다. 중력의 세기가 조금 다르거나 혹은 전자기력의 세기가 약간 교란되면 안정된 별이 존재할 수 없고, 또한 잘 균형 잡힌 핵자, 원자, 분자를 가능하게 하는 특성이 파괴될 것이다. 생물학자들은 생명의 자발적 진화는 탄소의 존재를 필요로 하며 그로부터 DNA, RNA, 기타 생명을 구성하는 태양 기원의 분자가 만들어진다고 믿는다. 우주에서 탄소의 존재는 우주의 나이나 크기에 의존하지 않고 핵의 에너지 준위를 결정하는 자연 상수들 사이의 두 가지 놀라운 일치에 의존한다. 별에서 핵반응이 있을 때 두 개의 헬륨 핵이 합쳐져 베릴륨 핵을 형성한다. 이것은 또 다른 헬륨 핵을 더해 탄소 핵을 만드는 데 한 발짝 접근한 것이다. 그러나 이러한 반응은 우주에 현존하는 양의 탄소를 만들기에는 너무 느리다. 우리가 실제 존재하고 있으므로 그에 적합한 양의 탄소가 존재했음은 틀림없다. 이 같은 사실을 기초로 프레드 호일은 1952년 초에 새로운 예측을 했다. 그는 헬륨 핵과 베릴륨 핵의 에너지 합보다 높은 에너지 준위에서 탄소 핵이 존재한다고 예측했다. 이러한 상황은 매우 빠른 헬륨-베릴륨 반응을 생성했다. 두 핵의 결합이 '공명(resonant)' 상태에 있었기 때문이다. 여기서 공명 상태는 빠른 반응(헬륨-베릴륨 반응)이 일어날 수 있는 자연적 에너지 준위를 의미한다. 호일의 예측은 옳았다. 핵물리학자들은 전에 알려지지 않은 탄소 핵의 에너지 준위가 그가 예측한 곳에 존재하자 매우 놀랐다. 핵 천체 물리학 분야에 대한 공헌으로 노벨상을 수상한 칼텍(Caltech, 캘리포니아 공과 대학—옮긴이)의 물리학자 윌리엄 파울러(William Fowler)도 자신을 이 분야로 이끈 것은 호일의 예측이었다고 말한 적이 있다. 만일 누군가가 별에 대해서 생각하는 것만으로 핵의 에너지 준위를 찾을 수 있다고 말한다면 그 해답은 천체 물리학 분야에 있을 것이다.

만일 자연 상수가 조금만 다르면 헬륨-베릴륨의 공명과 탄소는 존재하지 않을 것이다. 물론 우리도 존재할 수 없다. 우주에는 탄소가 거의 없기 때문이다. 이것이 두 번째 일치이다. 탄소가 한번 만들어지면 탄소와 다른 헬륨 핵 사이의 핵반응으로 인해 모두 산소로 전환된다. 그러나 이 반응은 공명에 실패했고 그래서 탄소는 아직도 남아 있다.

이 예가 우리에게 말해 주는 것은, 오늘날 우주에 우리와 같은 복잡한 구조가 존재하려면 자연 상수가 현재 관측되는 것과 같지 않으면 안 된다는 것이다. 그 값들이 조금씩 변하면 관측자 진화의 가능성은 사라진다. 우리는 이러한 행운의 상태에 대해 어떠한 철학적·신학적 결론도 내릴 수 없다. 우주가 생명이 있는 관측자를

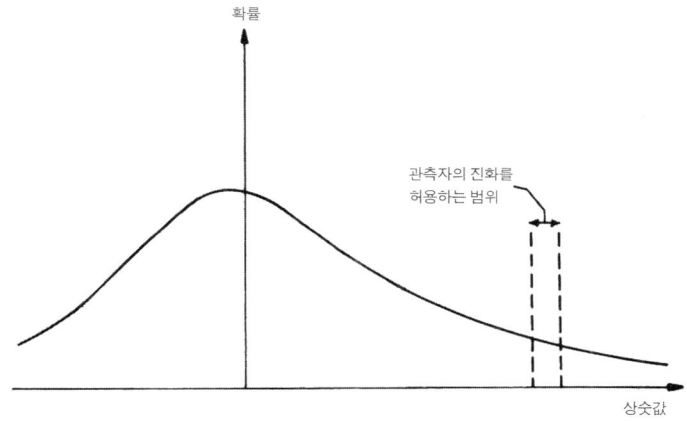

그림 7.6
오늘날 우주에서 특정값을 갖는 상수를 찾을 가능성의 예측. 관측자의 진화를 허용하는 범위도 나타나 있다. 이 범위는 대부분의 기본 상수에서 매우 좁게 나타난다. 또한 가장 가능성 있는 값에서 멀리 떨어져 있다.

위해 설계되었다고는 말할 수 없으며, 또 생명이 존재해야만 한다고, 혹은 우주 어디에서든지 존재한다고, 심지어 계속 존재할 것이라고도 말할 수 없다. 이러한 추측의 일부 혹은 전부는 사실이거나 거짓일 것이다. 우리가 알 필요가 있는 것은 우주가 생명체(원자나 핵)를 가지기 위해서는 자연 상수들—아주 많은 상수들—이

관측되는 값에 매우 근접해야 할 필요가 있다는 것이다.

　이런 생각과 함께 그림 7.5의 (3)을 다시 생각해 보자. 생물학적 복합체의 진화를 허용하는 상수의 좁은 영역을 표시하고 다시 생각하자. 관측자의 존재를 허용하는 영역은 매우 작고 이론이 예측한 가장 가능성 있는 값으로부터 멀리 떨어져 있다그림 7.6. 관측과 이론을 비교하는 것은 매우 어렵다. 우리는 상수의 가장 가능성 있는 값에 흥미를 가진 것은 아니다. 단지 관측자의 진화를 허용할 가능성이 가장 높은 값에 흥미가 있다. 과장해서 말하면, 만일 중력의 세기의 가장 가능성 있는 값이 우주가 1초의 10억분의 1 동안만 지속되게 한다면 우리는 가장 가능성 있는 우주에서 살아갈 수 없다.

　우리는 중요한 사실을 알게 되었다. 양자적 기원을 갖는 우주의 구조에 대해 통계적 예측을 하는 우주론이 있을 때, 이 예측을 관측 사실에 대해 시험하려면 관측자의 진화를 위해 필요한 예측량을 **모두** 알아야만 한다. 생명의 존재를 허용하는 값의 범위는 매우 작을 수도 있다. 절대적 관점으로 볼 때 극히 불가능할 수도 있다. 그럼에도 불구하고 우리는 이런 불가능한 우주에서 생겨나지 않을 수 없다. 우리가 다른 곳에서는 생겨날 수 없기 때문이다. 웝

홀을 거쳐 시간의 시작까지 가는 구불구불한 여행을 통해 우리는 우리의 존재 자체가 우주의 기원과 관련된 일련의 특성을 연구하는 데 중요한 자료가 된다는 사실을 알게 되었다.

이러한 결론으로부터 벗어날 유일한 방법은 '생명'을 특유한 현상으로——자연 상수와 상관없이 어떻게든 생겨난 것으로——가정하는 것이다. 이것은 생명에 대한 우리의 지식과 경험과 잘 맞지 않는다. 특히 (단지 복잡한 분자가 아니라) 의식을 가진 생명체의 진화는 우리가 알고 있는 자연 상수의 값을 적용한다 해도 이해하기 어려운 복잡한 과정이다. 생물학자들은 멸종에 이른 여러 가지의 다른 진화 경로가 있었음을 강조한다. 우리는 오늘날 우주에 많은 수의 다른 생명 형태가 존재할 수 있음을 부정하지 않는다. 존재한다면 그들이 원자에 기초했을 것임이 틀림없다. 그리고 만일 그것이 자발적으로 진화했다면 탄소에 기초했을 것이다.

생명의 다른 형태는 존재할 것이다. 예를 들면 우리는 규소(실리콘)에 기초한 단순한 체계를 생산하는 과정에 있다. 현재 '인공 생명'으로 알려진 것('인공 지능'에 대조적인 것)에 대한 연구는 매우 흥미로운 과학 분야이다. 물리학자, 화학자, 수학자, 생물학자, 컴퓨터 과학자 등이 우리가 살아 있는 것과 연관시킨 특성의 일부, 혹은 전부를 포함하는 복합체의 성질을 연구하고 있다. 이러한 연구 덕분에 복합체의 환경과의 상호 작용, 성장, 복제 등의 행동을 모의 실험하는 컴퓨터 그래픽이 빠르게 발전했다. 이것이 살아 있는 생명체로 불릴지는 미지수이지만, 이러한 연구는 '의식을 가진 관측자(conscious observer)'라고 불리는 복합 구조가 어떻게 출현했는지 연구하는 이들에게 중요한 시사점을 던져 주고 있다.

8
새로운 차원

불가능한 것들을 하나하나 제거하고 남은 것이 바로 진실이라네.
비록 그것이 있을 법하지 않은 일이라도 말일세.
──『네 사람의 서명(*The Sign of Four*)』

만물 이론에 대한 탐구는 1980년대 중반 이후 초끈(superstring) 개념이 도입됨으로써 박차가 가해졌다. 입자 물리학 법칙에 대한 초기의 탐구가 크기를 갖지 않는 점을 기본 요소로 해 이를 수학적으로 어떻게 기술할 것인가에 초점을 맞춰 왔다면, 초끈 이론은 가장 기본적인 요소로서 에너지 선이나 고리를 이용해 왔다. '초(超, super)'라는 접두사는 자연 상태에 존재하는 물질의 기본 입자와 복사의 형태를 통합할 수 있게 해 주는 특별한 대칭성을 의미한다. 가장 기본적인 입자가 작은 고리와 같다는 생각은 특이한 것이다. 이러한 고리들은 고무 밴드와 비슷하다. 즉 그들은 주변 환경의 온도에 의존하는 장력을 가지고 있다. 낮은 온도에서는 장력이 매우 크고 고리는 점과 같이 수축한다. 오늘날의 우주 상태와 같은 보통의 조건에서 끈(string)은 높은 정확도로 점과 같이 행동한다. 그러므로 저에너지 물리학에서는 점과 같은 기본 입자들을 점과 같이 다룰 수 있다. 그러나 점과 같은 형상은 고에너지, 고온의 조건에 적용했을 때는 의미 없는 결과가 나온다고 알려져 왔다. 뿐만 아니라 입자를 점과 같이 취급하면 중력을 다른 세 힘 —— 전자기력, 약한 핵력, 강한 핵력 —— 과 조화시키기 어렵다. 대조적으로 끈 이론은 고온에서도 매우 조화롭게 적용되고, 중력도 자연의 다른 힘과 잘 조화되게 유도할 수 있다. 그러므로 관측 가능한 입자 물리학의 모든 특성을 끈 이론으로 계산해 낼 수 있다(지금까지 아무도 충분히 해낸 사람은 없지만……).

이것은 놀라운 일이다. 그러나 뜻하지 않은 결점도 있다. 초끈 이론은 우리에게 친숙한 3차원보다 더 많은 공간 차원을 가진 우주에 더욱 적합하다. 첫 번째로 구성된 끈 이론 모형은 9개 혹은

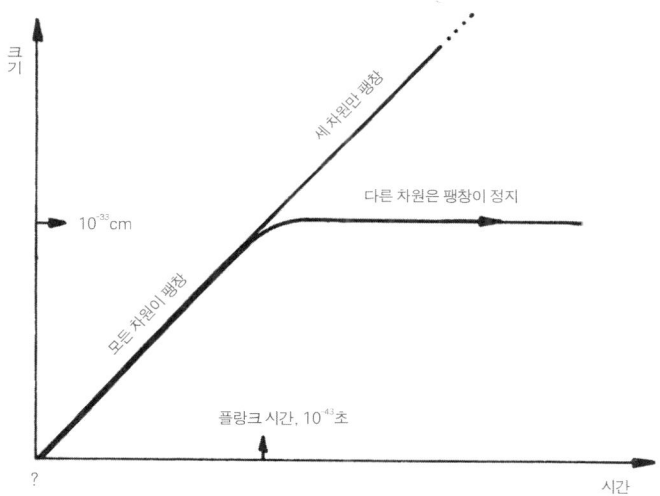

그림 8.1
초끈 우주에서 시간에 따라 팽창하는 차원들의 크기를 나타낸 그래프. 모든 팽창은 같은 방식으로 시작된다. 그러나 플랑크 시간 10^{-43}초 후에는 오늘날 보는 것처럼 공간의 세 가지 차원만이 계속 팽창한다. 이것이 최소 10^{27}센티미터 크기의 가시 우주이다. 남은 부분은 팽창하지 않고 10^{-33}센티미터 안에 갇혀 있어 오늘날 감지할 수 없다. 아직은 우주에 다른 차원이 존재한다는 관측 증거가 없다.

25개의 공간을 요구했다. 이 모형은 자연 과정에서 우주는 9차원 공간이 모두 동일하게 팽창하다가 그들 중 3개는 다른 차원들보다 10^{60}배나 커질 때까지 계속 팽창하는 반면, 6개는 당시 우주의 크

기 10^{-33}센티미터에 갇혀 있는 상태로 시작했다는 것을 보여 준다그림 8.1. 오늘날 이 이론에 따르면, 그 나머지 차원은 플랑크 길이의 규모 속에 갇힌 채 남아 있고, 효과는 분간하기 어렵다. 일상 경험에서뿐만 아니라 고에너지 물리학 실험에서 일어나는 사건들에서도 이 차원들을 검출할 수 없다.

어떻게 이러한 갇힘 현상이 일어나는지는 아직까지 풀지 못한 문제이다. 만일 갇힘 현상이 일어났다면 초기 우주의 연구가 더 어려워질 것이다. 우리가 오늘날 우주에서 경험하는 바와 같이 세 개, 단지 세 개의 공간 차원이 계속 팽창하고 커지는 데에는 어떤 자연 원리가 있음이 틀림없다. 혹은 큰 차원의 개수는 무작위로 결정되는 걸지도 모른다. 그 수는 우주의 어느 영역이나 이웃 우주에서는 다를 수도 있다.

공간에서 큰 차원의 개수는 우주에서 무슨 일이 일어날 수 있는지를 알려 주는 열쇠 역할을 한다. 놀랍게도 3차원 공간의 우주는 매우 특별하다. 만일 3차원 이상이 있다면 안정된 원자는 존재할 수 없고, 별 주위의 어떠한 안정된 행성 궤도도 존재할 수 없다. 파동 또한 3차원에서 독특한 형태로 움직인다. 만일 공간의 차원이 짝수(2, 4, 6, …)이면 파동 신호는 이리저리 굴절된다. 즉 각각 다른 시간에서 나온 파동이 같은 시간에 도착하는 일이 벌어진다. 그러나 홀수 차원의 공간에서는 이런 일이 일어나지 않으며, 파동 신호는 굴절에 영향을 받지 않는다. 그러나 3차원이 아닌 모든 홀수 차원에서 파동 신호는 뒤틀린다. 단지 3차원만이 파동이 변형되지 않은 형태로 날카롭게 전파된다. 이러한 이유로 살아 있는 관측자들은 3차원 우주에서만 존재할 수 있는 듯하다. (비록 2차원에서 무엇이 가능한가에 대한 흥미 있는 추론이 있어 왔지만 말이다.) 전자기력과 강한 핵력을 묶어 놓은 어떤 구조(원자와 같은 존재)가 더 큰 차원에서는 존재하지 않기 때문이다.

공간이 3차원으로 존재한다는 것은 자연의 원리라는 측면에서도 행운이라고 할 수 있다. 만일 3이라는 차원의 개수가 시간의 시작 부근에서 일어난 사건의 무작위적 결과라면, 혹은 오늘날의 가시 우주의 지평선 너머에서 장소에 따라 차원의 개수가 다르다면, 상황은 웜홀이 자연 상수를 결정하는 것과 다르지 않을 것이다. 우리는 우리 우주가 3차원 공간으로 될 **확률**을 결정해야 할 것이다. 그 확률이 얼마나 낮은지에는 상관없이 확률은 우리가 정확하게 3차원 공간의 우주를 관측하고 있음을 증명할 것이다. 우리는 다른 것은 아무것도 포함하지 않기 때문이다.

우주론의 최첨단에서, 그리고 고에너지 물리학에서 추론의 방향은 일반적인 우주론의 형상들을 조명해 온 수학적인 새 이론들의 분기점을 탐구하는 것이다. 그러나 이것은 전통적인 방법으로 정의한 과학과는 좀 차이가 난다. 카를 포퍼(Karl Popper)와 같은 과학 철학자는, 그것이 의미 있거나 '과학적'이라면 그것을 검증할 수 있는 방법을 포함해야 한다고 역설했다. 실험에 기초한 과학에서는 별로 문제가 되지 않는다. 원칙적으로 실험은 그것이 어떤 것이든 당연히 수행할 수 있다. 비록 실제로는 재정적·제도적·도덕적 제한이 따르지만 말이다. 천문학에서는 상황이 다르다. 우주에서는 자유롭게 실험할 수 없다. 우리는 다양한 방법으로 관측할 수는 있지만 직접적으로 실험할 수는 없다. 실험하는 대신 대상들 간의 상호 연관성을 찾는다. 예를 들어 만일 많은 은하를 관측한다면 매우 큰 은하가 모두 밝은지, 나선 은하는 모두 기체와 먼지 등을 포함하는지에 주목한다. 우주론에서의 상황 역시 다른 과학과는 다르다. 우주에 대한 관측은 다른 조건에서 실험을 되풀이하면서 시행착오를 수정해 갈 수 없기 때문에 제한적이다. 우리는 왜 우리가 (아마도 무한할) 전체 우주의 극히 일부분인지 설명해 왔다. 우리는 장소에 따라 달라질 수 있는 우주의 성질들이 특정 지역에서 관측자가 진화해 나타나는 것으로 귀결될 수 있음에 주목해 왔다. 우주론은 관측 가능한 자료를 얻기가 쉽지 않은 학문이다. 뿐만 아니라 자료 중 일부는 몹시 편중되어 있기도 하다. 밝은 은하는 희미한 은하보다 관측하기 쉽다. 가시광선은 엑스선보다 검출하기 쉽다. 훌륭한 관측 천문학자는 모든 관측 과정에서 이러한 편중성을 이해하고 활용한다.

우주론의 이러한 특징을 염두에 두고 우주의 기원을 연구해 온 경향의 변천을 보는 것도 흥미롭다. 우리는 그것이 어떻게 생겼는지 언제 시작되었는지의 관점에서 우주의 관측된 구조를 설명하는 사람들과, 어떻게 시작되었는지와는 무관하게 현재의 모습이 과거 물리적 과정의 결과임을 보이려는 사람들 사이의 차이를 먼저 강조했다. 급팽창 우주론의 등장은 두 번째 접근의 경백한 예이다. 급팽창 우주론에서는 우주가 어떻게 시작되었든 물질과 복사 간의 상호 작용으로 균질함을 유지하기에 충분히 작은 영역이 있었고, 가속 팽창 시기를 거친 결과 오늘날 우리의 가시 우주가 생겨났다. 즉 오래되고 크고 자기 단극자를 포함하지 않는 '열린' 우주와 '닫힌' 우주의 경계에 근접해서 팽창하는 우주이다. 그러나 최근 수년간 우주론 연구자들은 첫 번째 접근에도 관심을 두어 왔다. 고학자들은 우주의 초기 상태를 기술할 원리가 있는지 탐구하기 시작했다. 실제로 새로운 자연 '법칙'의 필요성이 대두되고 있다. 그 법칙은 한순간에서 다음 순간으로의 상태 변화를 통제하는 법칙이 아니라, 초기 조건 자체를 통제하는 법칙이다.

이 법칙의 흥미로운 예 중 하나가 이미 살펴보았던 제임스 하틀과 스티븐 호킹이 제안한 비경계 조건이다. 그리고 다른 결과를 이끄는 경쟁적인 제안들도 있다. 그 가운데 하나는 알렉스 빌렝킨이 제안한 것으로 그림 6.7에서 설명했다. 우리는 또한 조금 다른 의미에서 자연스러운 상태라고 할 수 있는 완전히 무작위적인 초기 상태도 상상할 수 있다. 마지막 예는 로저 펜로즈가 제안한 우주 중력장의 무질서도 측정 방법이다. 무질서도라 함은 우주의 '중력 엔트로피'를 말하는데 중력 엔트로피는 열역학 제2법칙에 따라 증가한다. 이런 엔트로피의 존재는 매우 그럴듯해 보인다. 호킹은 블랙홀의 중력장이 열역학적 성질을 가짐을 보였다. 그러나 블랙홀은 우리 우주처럼 시간에 따라 팽창하지 않으며, 우리는 **팽창** 우주의 중력 엔트로피를 결정하는 것이 무엇인지 알지 못한다. 블랙홀에 대한 대답은 간단하다. 블랙홀 가장자리의 표면적이 중력 엔트로피를 결정한다. 펜로즈와 다른 학자들은, 면적과 관련된 우주의 규칙적 특성이 중력 엔트로피를 알려 줄 수 있다고 했다. 팽창률이 모든 방향과 모든 장소에서 같으면 엔트로피는 작을 것이고, 팽창률이 장소에 따라 혼돈스럽게 다르면 엔트로피는 클 것이다.

중력 엔트로피의 정확한 척도가 없더라도, 만일 그것이 시간에 따라 증가한다면 우리는 우주의 초기 상태가 매우 낮은, 혹은 0인 중력 엔트로피를 가지고 있다고 생각할 수 있다. 만일 우리가 우주의 어떤 측면이 중력 엔트로피를 알려 주는지 정확하게 구별할 수 있다면, 우주가 시작되었을 때 그 값이 매우 낮았던 것을 밝혀낼 수 있을지도 모른다. 그러나 우리는 그것을 할 수 없었다.

우주의 기원과 관련한 이 '원리들' 중 어떤 것도 우주론의 가장 큰 문제를 풀기 위한 방법으로 제시되지는 않았다. 모든 것이 극히 추론적이다. 모두가 생각을 위한 생각이다. 그러나 오늘날 관측하는 우주의 구조를 첫 번째 접근법으로부터 설명하려는 **약간의** 시도에 접목된 중요한 조건이 있다.

우주를 탄생 이래 빛이 지나온 시간에 해당하는 영역과 전체로 구분했음을 상기하자. 이것을 '가시 우주'라고 부른다. 가시 우주는 크기가 유한하다. 우리가 우주의 구조를 설명한다는 것은 가

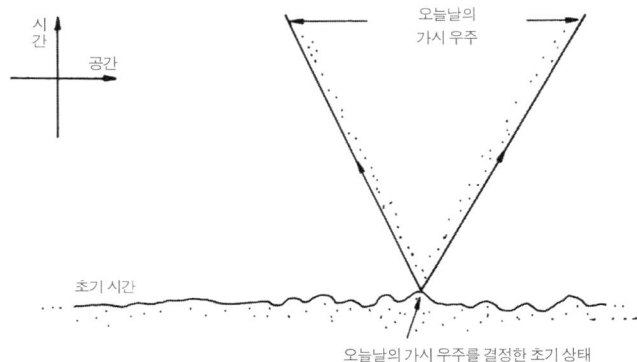

그림 8.2
오늘날 가시 우주는 우주 초기 상태의 한 점으로부터 빛의 속도로 팽창했다. 관측된 우주의 비율은 초기 상태 전체의 평균 조건이 아닌, 그 점에서의 조건에 따라 결정된다. 초기 상태는 초기 조건을 통제하는 어떤 원리의 지배를 받는다.

시 우주의 형태를 설명한다는 것이다. 그러나 **우리** 우주는 유한할 수도 있고 무한할 수도 있다. 우리는 결코 알 수 없다. 만일 무한하다면 가시 우주는 우주 전체의 극히 작은 일부분일 것이다.

이러한 제약은 우주의 초기 상태를 지배하는 원리들을 이용하는 데 큰 의문을 불러일으킨다. 우주 팽창의 상황에서 가시적 부분은 그림 8.2에서처럼 어떤 점이나 작은 영역으로부터 팽창해 왔다.

가시 우주의 구조는 초기의 어떤 작은 영역이 가진 조건들이 팽창된 상일 뿐이다. 한편 '대원리'는 우주 전체의 초기 상태의 평균적인 상황을 기술할 수 있게 해 준다. 이러한 평균적인 기술은 아마도 옳을 것이다. 그러나 우리가 가시 우주를 이해하는 데 필요한 것은 이런 것이 아니다. 우리는 가시 우주로 성장한 초기의 작은 영역에 존재했던 지역적 상황들에 대해서 알 필요가 있다. 이 영역은 관측자가 진화할 수 있는 상태로 팽창했으므로 전형적인 것은 아니다.

우리는 관측자가 진화하려면 비정상적인 성질을 많이 포함하는 영역을 필요로 한다는 것을 살펴보았다. 우주는 최소 중력 엔트로피 상태로 시작했을 테지만 이것이 가시 우주의 구조를 설명해 주는 것은 아니다. 왜냐하면 가시 우주는 최소 엔트로피 조건을 만족하는 평균적 상태가 아닌, 비정상적 교란이 팽창한 것일 수도 있기 때문이다. 더구나 우리의 경험적 지식은 가시 우주에 국한되어 있기 때문에 우주 전체의 초기 상태로 인한 결과가 어떠한지를 직접 시험할 수가 없다. 우리는 단지 초기 상태의 작은 영역이 진화한 결과만을 보고 있다. 언젠가 우리 주변의 제한된 우주 영역의 기원에 대해 설명할 수 있는 날이 올지도 모른다. 그러나 우리는 **우**

주 전체의 기원에 대해서는 결코 알 수 없을 것이다. 가장 큰 비밀은 아마도 비밀을 감추고 있는 것 그 자체일지도 모른다.

참고 문헌

1. 우주의 비밀

Barrow, John D., and Joseph Silk, *The Left Hand of Creation: The Origin and Evolution of the Universe*, 2nd ed. (New York: Oxford University Press, 1994).

Cornell, James, ed., Bubbles, *Voids, and Bumps in Time: The New Cosmology* (Cambridge: Cambridge University Press, 1989).

Ferris, Timothy, *Coming of Age in the Milky Way* (New York: William Morrow, 1988).

Gribbin, John, *In Search of the Big Bang* (London: Heinemann, 1986).

Harrison, Edward R., *Cosmology: The Science of the Universe* (Cambridge: Cambridge University Press, 1981).

Long, Charles H., *Alpha: The Myths of Creation* (New York: George Braziler, 1963).

Muller, Richad A., "The Cosmic Background Radiation and the New Aether Drift," *Scientific American*, May 1978, 64~74쪽.

Munitz, Milton K., ed., *Theories of the Universe: From Babylonian Myth to Modern Science* (New York: The Free Press, 1957).

Rowan Robinson, Michael, *Universe* (London: Longman, 1990).

Silk, Joseph, *The Big Bang*, 2nd ed. (San Francisco: W. H. Freeman, 1988).

2. 우주 카탈로그

Barrow, John D., and Frank J. Tipler, *The Anthropic Cosmological Principle* (Oxford: Oxford University Press, 1986).

Berendzer., Richard, Richard Hart, and Daniel Seeley, *Man Discovers the Galaxies* (New York: Science History Publications, 1976).

Bertotti, Bruno, Roberto Balbinot, Silvio Bergia, and Andrea Messina, *Modern Cosmology in Retrospect* (Cambridge: Cambridge University Press, 1990).

Brush, Stephen G., *The Kind of Motion We Call Heat*, 2 vols. (Amsterdam: North-Holland, 1976).

North, John D., *The Measure of the Universe* (New York: Dover, 1990).

3. 특이점과 그 밖의 문제들

Close, Frank E., *The Cosmic Onion: Quarks and the Nature of the Universe* (London: Heinemann, 1983).

Davies, Paul C. W., *Space and Time in the Modern Universe* (Cambridge: Cambridge University Press, 1977).

_____, *The Edge of Infinity* (London: Dent, 1981).

Lederman, Leon, and David N. Schramm, *From Quarks to the Cosmos: Tools of Discovery* (San Francisco: W. H. Freeman, 1989).

Tayler, Roger J., *Hidden Matter* (Chichester: Ellis Horwood, 1991).

Weinberg, Steven, *The First Three Minutes: A Modern View of the Origin of the Universe*, updated ed. (New York: Basic Books, 1988).

Wheeler, John A., *Gravity and Spacetime* (San Francisco: W. H. Freeman, 1990).

4. 급팽창과 입자 물리학

Barrow, John D., *The World within the World*, 2nd ed. (Oxford: Oxford University Press, 1994).

Carrigan, Richard A., and W. Peter Trower, *Particle Physics in the Cosmos: Readings from Scientific American* (San Francisco: W. H. Freeman, 1989).

─────, *Particles and Forces: At the Heart of the Matter* (San Francisco: W. H. Freeman, 1990).

Georgi, Howard, "Grand Unified Theories," in Davies, Paul C. W., ed., *The New Physics* (Cambridge: Cambridge University Press, 1989).

Guth, Alan H., and Paul Steinhardt, "The Inflationary Universe," *Scientific American*, May 1984, 116~120쪽.

Krauss, Lawrence M., *The Fifth Essence: The Search for Dark Matter in the Universe* (New York: Basic Books, 1989).

Pagels, Heinz R., *Perfect Symmetry* (London: M. Joseph, 1985).

Trefil, James, *The Moment of Creation* (New York: Scribners, 1983).

Tryon, Edward P., "Cosmic Inflation," *The Encyclopedia of Physical Science and Technology*, vol. 3 (New York: Academic Press, 1987).

Zee, Anthony, *Fearful Symmetry: The Search for Beauty in Modern Physics* (New York: Macmillan, 1986).

5. 급팽창과 코비 탐사

Barrow, John D., *Theories of Everything: The Quest for Ultimate Explanation* (Oxford: Oxford University Press, 1991).

Chown, Marcus, *The Afterglow of Creation* (London: Arrow, 1993).

Davies, Paul C. W., *Other Worlds* (London: Dent, 1980).

Gamow, George, *Mr. Tompkins in Paperback* (Cambridge: Cambridge University Press, 1965).

Gribbin, John, and Martin Rees, *Cosmic Coincidences* (New York: Bantam, 1989).

Hey, Anthony, and Patrick Walters, *The Quantum Universe* (Cambridge: Cambridge University Press, 1987).

Linde, Andrei D., "The Universe: Inflation out of Chaos," *New Scientist*, March 1985, 14~16쪽.

Pagels, Heinz R., *The Cosmic Code: Quantum Physics As the Language of Nature* (New York: Simon & Schuster, 1982).

Powell, C. S., "The Golden Age of Cosmology," *Scientific American*, July 1992, 9~12쪽.

Rowan Robinson, Michael, *Ripples in Time* (San Francisco: W. H. Freeman, 1993).

Smoot, George, and Keay Davidson, *Wrinkles in Time* (New York: William Morrow, 1994).

6. 시간, 그 짧은 역사

Grünbaum, Adolf, "The Pseudo-problem of Creation in Cosmology," *Philosophy of Science* 56 (1989): 373.

Hartle, James B., and Stephen W. Hawking, "Wave Function of the Universe," *Physical Review D* 28 (1983): 2960.

Hawking, Stephen W., *A Brief History of Time: From the Big Bang to Black Holes* (New York: Bantam, 1988).

———, "The Edge of Spacetime," in Davies, Paul C. W., ed., *The New Physics* (Cambridge: Cambridge University Press, 1989).

Isham, Christopher J., "Creation of the Universe as a Quantum Process," in Russell, Robert J., William Stoeger, and George V. Coyne, eds., *Physics, Philosophy, and Theology* (Notre Dame, Ind.: University of Notre Dame Press, 1988).

Vilenkin, Alex, "Boundary Conditions in Quantum Cosmology," *Physical Review D* 33 (1982): 3560.

———, "Creation of Universes from Nothing," *Physics Letters B* 177 (1982): 25.

7. 미궁 속으로

Barrow, John D., and Frank J. Tipler, *The Anthropic Cosmological Principle* (Oxford: Oxford University Press, 1986).

Blau, Steven K., and Alan H. Guth, "Inflationary Cosmology," in Hawking, Stephen W., and Werner Israel, eds., *300 Years of Gravitation* (Cambridge: Cambridge University Press, 1987).

Coleman, Sidney, "Why There Is Something Rather Than Nothing: A Theory of the Cosmological Constant," *Nuclear Physics B* 310 (1988): 643.

Drees, Willem B., *Beyond the Big Bang : Quantum Cosmlolgy and God* (La Salle Ill. : Open court, 1990).

Halliwell, Jonathan J., "Quantum Cosmology and the Creation of the Universe," *Scientific American*, December 1991, 28~35쪽.

Hawking, Stephen W., "Wormholes on Spacetime," *Physical Review D* 37 (1988): 904.

Hoyle, Fred, *Galaxies, Nuclei, and Quasars* (London : Heinemann, 1964).

Leslie, John, *Universes* (London : Macmillan, 1989).

Weinberg, Steven, "The Cosmological Constant Problem," *Reviews of Modern Physics* 61 (1989): 1.

8. 새로운 차원

Barrow, John D., "Observational Limits on the Time-evolution of Extra Spatial Dimensions," *Physical Review D* 35 (1987): 1805.

─── , *Theories of Everything : The Quest for Ultimate Explanation* (Oxford : Oxford University Press, 1991).

─── , "Unprincipled Cosmology," *Quarterly Journal of the Royal Astronomical Society* 34 (1993): 117.

Davies, Paul C. W., and Julian R. Brown, *Superstrings : A Theory of Everything?* (Cambridge : Cambridge University Press, 1988).

Green, Michael B., "Superstring," *Scientific American*, September 1986, 48~60쪽.

Peat, F. David, *Superstrings and the Search for a Theory of Everything* (Chicago : Contemporary Books, 1988).

Penrose, Roger, *The Emperor's New Mind : Concerning Computers, Minds, and the Laws of Physics* (Oxford : Oxford University Press, 1989).

찾아보기

ㄱ
가모브, 조지 40
가속 팽창 124, 139, 142
가시 우주 112, 113, 119, 120, 139, 149, 154, 156, 165, 211~213
감속 팽창 123
게로치, 로버트 88, 121, 144
고전적 경로 166~168, 174
골드, 토머스 72
공리 89
공명 197, 198
과학적 분기 183
광자 109

구스, 앨런 118, 119
급팽창 118~124, 126, 138~150, 177, 209

ㄴ
난류 거품 189

ㄷ
단극자 문제 117, 122, 124
대폭발 29, 40, 74~77, 102, 105, 175
대함몰 34, 68, 111, 121
드와이트, 브라이스 165
디케, 로버트 41

ㄹ

르메트르, 조르주 39
린데, 안드레이 146, 147

ㅁ

만물 이론 153, 195, 203
미국 항공 우주국(NASA) 43, 133

ㅂ

반중력 139
베켄슈타인, 제이콥 67
본디, 헤르만 72
분광학적 기울기 140~143
비경계 조건 174~178
빌렝킨, 알렉스 177

ㅅ

성운 53
세이어스, 도로시 62
순환 우주 68
슈뢰딩거, 에어빈 165
『시간의 역사』 173
시공간 159~162, 167, 169~171

ㅇ

아인슈타인, 알베르트 24, 53~58, 61, 82, 90, 152, 155, 159, 161, 191
암흑 물질 126~129
암흑 에너지 36
앨퍼, 랠프 40
약전기력 106, 107
에딩턴, 아서 61
X 입자 109~111
엔트로피 59, 60, 63~68, 70, 71, 210, 211, 213
엘리스, 조지 88, 121, 144
열역학 제2법칙 59, 64, 65, 69, 70
열적 죽음 60, 62, 66, 71
영구 급팽창 147, 148
영국식 절충 우주 35
외부 은하 53
우주 배경 복사 42~48, 76, 87, 137, 165, 181
우주 상수 56, 58, 191
우주선 109
원시 원자 40
웜홀 187~191, 193, 200
윌슨, 로버트 41, 76, 87
윔프(WIMP) 129~131
유럽 핵물리학 연구소(CERN) 96, 97, 101, 129
일반 상대성 이론 53, 56, 57, 159, 161,

191
입자 물리학 94, 102, 105, 110, 118, 122

ㅈ

자기 단극자 111, 117, 125
자연 상수 185, 198, 199, 201
적색 이동 26
점근적 자유 106
정상 우주 71~76
제번스, 윌리엄 60, 63
Z 입자 101
중력 불안정 135, 136, 138, 139
중성미자 96, 97, 128~130
지평선 거리 115, 116
진동 우주 69, 70
진스, 제임스 62

ㅊ

청색 이동 26
초끈 203

ㅋ

카를 포퍼 208
코비 43, 133, 134, 136~138, 140~144
콜먼, 시드니 192
쿼크 111

퀘이사 74
클라우지우스, 루돌프 59

ㅌ

탈출 속도 33
톨먼, 리처드 69
통일장 이론 106, 107, 109~111, 118
특이점 79~82, 84~87, 91, 92, 156, 169, 174

ㅍ

파동 함수 164, 168, 174, 176
파울러, 윌리엄 198
파인만, 리처드 166
펜로즈, 로저 67, 87~89, 121, 144, 210
펜지어스, 아노 41, 76, 87
프레드 호일 72, 197
프리드만, 알렉산더 57, 58
플랑크 시간 153, 156, 163, 205

ㅎ

하늘의 거대 코사인 46, 47
하틀, 제임스 171, 174, 175, 179, 186
허먼, 로버트 40
허블, 에드윈 24, 61
허블의 법칙 26, 27, 33

호킹, 스티븐 67, 88, 121, 144, 173~175, 179, 186
혼돈 급팽창 145, 146
휠러, 존 164
휠러-드와이트 방정식 165, 168, 180
희박한 웜홀 근사법 189, 190

옮긴이 **최승언**

서울 대학교 천문학과를 졸업하고 같은 대학교 대학원에서 천문학 석사 학위를, 미네소타 대학교 대학원에서 천문학 박사 학위를 받았다. 현재 서울 대학교 사범 대학 지구과학교육과 교수로 재직 중이다. 저서로는 『천문학의 이해』, 『천문학』, 『우주의 메시지』, 번역서로는 『은하계』, 『은하와 우주』 등이 있다.

옮긴이 **이은아**

서울 대학교 지구과학교육과를 졸업하고 같은 대학교 대학원에서 교육학 석사와 박사 학위를 받았다. 오하이오 주립 대학교에서 박사 후 연구원을 지냈으며, 현재 서울 대학교 BK21 미래사회 과학교육 연구사업단 연구원이다.

사이언스 마스터스 18
우주의 기원 | 존 배로가 들려주는 우주 탄생의 비밀

1판 1쇄 찍음 2009년 8월 20일
1판 1쇄 펴냄 2009년 8월 27일

지은이 존 배로
옮긴이 최승언, 이은아
펴낸이 박상준
펴낸곳 (주)사이언스북스

출판등록 1997. 3. 24.(제16-1444호)
주소 135-887 서울시 강남구 신사동 506 강남출판문화센터
대표전화 515-2000 팩시밀리 515-2007
편집부 517-4263 팩시밀리 514-2329
www.sciencebooks.co.kr

한국어판 ⓒ (주)사이언스북스, 2009. Printed in Seoul, Korea.

ISBN 978-89-8371-940-9 (세트)
ISBN 978-89-8371-958-4 03400

사이언스 마스터스

『사이언스 마스터스』를 읽지 않고 과학을 말하지 마라!

사이언스 마스터스 시리즈는 대우주를 다루는 천문학에서 인간이라는 소우주의 핵심으로 파고드는 뇌과학에 이르기까지 과학계에서 뜨거운 논쟁을 불러일으키는 주제들과 기초 과학의 핵심 지식들을 알기 쉽게 소개하고 있다.

전 세계 26개국에 번역·출간된 사이언스 마스터스 시리즈에는 과학 대중화를 주도하고 있는 세계적 과학자 20여 명의 과학에 대한 열정과 가르침이 어우러져 있다. 과학적 지식과 세계관에 목말라 있는 독자들은 이 시리즈를 통해 미래 사회에 대한 새로운 전망과 지적 희열을 만끽할 수 있을 것이다.

01 **섹스의 진화** 제러드 다이아몬드가 들려주는 성性의 비밀
02 **원소의 왕국** 피터 앳킨스가 들려주는 화학 원소 이야기
03 **마지막 3분** 폴 데이비스가 들려주는 우주의 탄생과 종말
04 **인류의 기원** 리처드 리키가 들려주는 최초의 인간 이야기
05 **세포의 반란** 로버트 와인버그가 들려주는 암세포의 비밀
06 **휴먼 브레인** 수전 그린필드가 들려주는 뇌과학의 신비
07 **에덴의 강** 리처드 도킨스가 들려주는 유전자와 진화의 진실
08 **자연의 패턴** 이언 스튜어트가 들려주는 아름다운 수학의 세계
09 **마음의 진화** 대니얼 데닛이 들려주는 마음의 비밀
10 **실험실 지구** 스티븐 슈나이더가 들려주는 기후 변화의 과학